CLEMENS KLITSCH

Die Futterfrage in Mitteldeutschland
Ein Beitrag zu ihrer Lösung

WISSENSCHAFTLICHE ABHANDLUNGEN

NR. 25

DIE FUTTERFRAGE IN MITTELDEUTSCHLAND

EIN BEITRAG ZU IHRER LÖSUNG

von

CLEMENS KLITSCH

1957

DEUTSCHE AKADEMIE
DER LANDWIRTSCHAFTSWISSENSCHAFTEN ZU BERLIN

AKADEMIE-VERLAG · BERLIN

Anschrift des Verfassers:
Prof. Dr. Clemens Klitsch
Direktor des Instituts für Acker- und Pflanzenbau
der Friedrich-Schiller-Universität Jena
Jena, Steiger 3

1957
Herausgegeben von der Deutschen Akademie der Landwirtschaftswissenschaften zu Berlin
Vorgelegt von Prof. Dr. Michael, Prof. Dr. Vettel und Prof. Dr. Werner
Erschienen im Akademie-Verlag GmbH, Berlin W 8, Mohrenstraße 39
Lizenz-Nr. 202 · 100/368/57
Satz, Druck und Einband: Druckhaus „Maxim Gorki", Altenburg
Bestell- und Verlagsnummer: 2068/57/25
Printed in Germany

INHALT

VORWORT

Man darf wohl allgemeingültig sagen — eine Wirtschaft, in welcher der Futterbau bis ins letzte durchdacht und in Ordnung ist, ist auch in allen anderen Betriebszweigen geordnet und ist in ihrer Gesamtheit ein leistungsstarker, volkswirtschaftlich wertvoller Betrieb.

Der Futterbau war in den letzten Jahren eine Schwerpunktaufgabe meines Institutes. Sie erwuchs aus den Unterrichtsverpflichtungen des Faches „Futterbau", aber auch aus den unmittelbaren Bedürfnissen des zum Institut gehörigen VE Lehr- und Versuchsgutes Kötschau (früher und im Text: Universitätsgut). Die dort von Jahr zu Jahr kontinuierlich steigende Leistung im Milchviehstall bis zu der durch den Erbwert der Herde gezogenen Grenze von 4425 kg Milch × 3,73% Fett = 165 kg Fett je Tier im Jahre 1955, die Höherentwicklung der Wirtschaft in ihrer Gesamtheit, beides absolut parallel laufend der Vervollkommnung des wirtschaftseigenen Futterbaues — in allem dem glaube ich einen Beweis für die Richtigkeit der von uns eingeschlagenen futterbaulichen Wege sehen zu dürfen und die Berechtigung, sie dem Urteil eines breiteren Forums von Fachleuten zu unterstellen. Dabei bin ich mir an vielen Stellen durchaus der Ergänzungs- und Verbesserungsbedürftigkeit der Darstellung bewußt. Vielleicht wird man an unseren Fütterungsversuchen in Abschnitt I berechtigt Kritik üben können. Sie sollten aber auch nichts fütterungs- oder gar ernährungsphysiologisch Neues schaffen, sondern nur die Grundlage, von der man beim Aufbau oder der Überprüfung der betriebseigenen Futterwirtschaft ausgehen muß. — Die in den Tabellen des Abschnitts II angegebenen Flächenbedarfswerte an den verschiedenen Futterarten für das Einzeltier sind in dieser Größenordnung in unserer Wirtschaft tatsächlich realisiert. Sie wollen Richtzahlen sein und haben Gültigkeit für alle ähnlich gelagerten Bedingungen. Die größere oder geringere Futterwüchsigkeit des Bezirkes und des Betriebes, der größere oder geringere Sorgfaltsgrad, mit dem Futterbau und vor allem Fütterung gehandhabt werden, werden im praktischen Einzelfalle immer nach oben oder unten variierend wirken. Man kann aber, ohne Fehldispositionen befürchten zu müssen, zunächst von ihnen ausgehen. Der gute Futterbauer und sorgfältige Fütterer findet dann kurzfristig selber den für seine Wirtschaft richtigen Wert.

Möge das kleine Buch zum verständnis- und sinnvollen Aufbau eines der wichtigsten Teile der Wirtschaftseinrichtung, des Futterbaues, in allen Betrieben der DDR seinen bescheidenen Beitrag liefern!

Es ist mir ein aufrichtiges Bedürfnis, allen meinen Mitarbeitern herzlichst zu danken: Meinem Oberassistenten Herrn Dipl.-Landwirt BALTZER insbesondere für die gemeinsame Erarbeitung des Abschnittes IV und für die zeichnerischen und bildlichen Darstellungen; Herrn Dr. MÄRTIN für die Durchführung der notwendigen Fütterungsversuche; dem Betriebsleiter Herrn Max SPAETHE für das Verständnis, mit dem er in der Praxis von Futterbau und Fütterung meinen Wünschen entgegenkam; der Stallbrigade von Kötschau unter der Leitung von Herrn Ernst FISCHER und nicht zuletzt Herrn Prof. Dr. HOFMANN und seinem Mitarbeiter Herrn Dr. KROMAYER, Tierzucht-Institut Jena, für die leistungsmäßige Überwachung der Milchviehherde.

Jena, den 23. Februar 1957.

Prof. Dr. Klitsch

I. Die Frage der richtigen Fütterung im Milchviehstall

I. Die Frage der richtigen Fütterung im Milchviehstall

Der Futterbau zieht sich als Schwerpunktaufgabe durch unser ganzes Wirtschaften hindurch. Die landschafts- und betriebseigene Lösung der Futterfrage bildet mittelbar und unmittelbar die Grundlage der Existenz und Höherentwicklung der Wirtschaften, gleich welcher Rechtsträgerschaft.

Der Futterbau ist keine rein pflanzenbauliche Angelegenheit. Vor dem Futterbauer steht der Fütterer. Der Futterbau wird in seiner Gesamtfläche und deren Aufteilung auf die einzelnen Arten der Futterpflanzen beherrscht vom Bedarf der Viehställe. Vielfache Erfahrungen aus der Praxis der Fütterung, zunächst zufällige Beobachtungen, dann bewußt gesuchte Feststellungen, waren Anlaß zur Durchführung eigener

Fütterungsversuche

Die der jeweiligen Leistung des Tieres angepaßte Proportionalität der wichtigsten Nährstoffe, Eiweiß und Kohlehydrate, ist bekannt. Die Versuche sollten deshalb nichts fütterungstechnisch oder gar ernährungsphysiologisch Neues schaffen, sondern lediglich eine sichere Grundlage für die planvolle Einrichtung des landschaftlich, oft sogar von Betrieb zu Betrieb unterschiedlich zu gestaltenden Futterbaues erbringen.

Im „Einzeltierversuch" wurden bei jedem Tier unausgeglichene und ausgeglichene Perioden gegenübergestellt und die Leistungen in Milch und Fett ermittelt. Die Milchmenge ist täglich, das Milchfett an jedem zweiten Tage bei Mischung des Mittags-, Abend- und Morgengemelkes festgestellt worden. Die Versuche erfaßten sowohl die Sommer- als auch die Winterfütterung. In der Sommerstallperiode fanden 5, in der Winterstallperiode 4 Versuche mit je einem Tier (nur in einem Stall waren es zwei) statt. Die Perioden mit unausgeglichenen Rationen beanspruchten in der Sommerstallfütterung durchschnittlich 15, die mit ausgeglichenen 20 Tage. In der Winterfutterperiode wurde durchschnittlich 10 bis 18 Tage „ausgeglichen" und 30 Tage „unausgeglichen" gefüttert. Die Reihenfolge der Perioden ergab sich aus der bei Beginn des Versuches in dem betreffenden Stall vorgefundenen Fütterung. Wurde bislang unausgeglichen gefüttert, dann war die Reihenfolge der Perioden: unausgeglichen, ausgeglichen, unausgeglichen (immer in der Sommerstallfütterung). Bei bereits in Ordnung befindlicher Fütterung folgten sich ausgeglichen, unausgeglichen, ausgeglichen (regelmäßig in der Winterstallfütterung). Die Kühe gehörten zu etwa gleichen Teilen dem Schwarzbunten und Rotbunten Niederungs- und dem Höhenfleckvieh an, waren zwischen 4 und 8 Jahren alt und standen in unterschiedlich fortgeschrittener Laktation, vom 2. bis 8. Monat, überwiegend also in mittlerer Laktation.
Für die Gestaltung der Rationen mögen als grundsätzlich, auch für die anderen Versuche zutreffend, zwei Beispiele folgen, das erste von „unausgeglichen", das zweite von „ausgeglichen" ausgehend.

Im ersten Falle reichten die Milcherzeugungswerte (= Nährstoffwirkung nach Abzug des Erhaltungsfutters) aus:

	Eiweiß für kg Milch	Stärkewerte für kg Milch
Unausgeglichen	16	8
Ausgeglichen	15,3	14,5
Unausgeglichen	16	8

Im zweiten Falle, in dem bereits ordnungsmäßig gefüttert wurde, waren die Rationen

	Eiweiß für kg Milch	Stärkewerte für kg Milch
Ausgeglichen	20	19
Unausgeglichen	20	15
Ausgeglichen	20	19

Bei „unausgeglichen" waren also grundsätzlich die gleichen Eiweißmengen im Futter wie bei „ausgeglichen". Die Futtermittel wurden nicht besonders analysiert. Die Zusammensetzung der Rationen erfolgte vielmehr nach den Angaben von RICHTER [1], wobei beim Eiweiß die verdaulichen Rohproteinwerte Anwendung fanden. Die Feststellungen erstreckten sich außer auf Milch- und Fettleistungen auch noch auf die Veränderungen des Körpergewichtes zu Beginn und Ende jeder Periode.

Der „Stärkewert"

Er wird in den nachstehenden Erörterungen, wie auch sonst bei der Errechnung der Rationen allgemeingebräuchlich, als entscheidender Maßstab für den Produktionswert der Futtermittel angewandt. Der von KELLNER an Mastochsen ermittelte Stärkewert beruht bekanntlich nicht nur auf der Wirkung der verdaulichen Teile der stickstofffreien Extraktstoffe, der Rohfaser sowie der Fette, sondern auch des verdaulichen Eiweißes. Letzteres trägt also ebenso zur Errechnung des Stärkewertes bei wie die übrigen organischen Nährstoffe der Futtermittel. Jedoch ist der Eiweißanteil am Stärkewert bei den einzelnen Futterstoffen sehr unterschiedlich, und die geringere oder höhere Beteiligung des Eiweißes am Stärkewert bestimmt die Bedeutung eines Futtermittels für die Deckung des Kohlehydratbedarfes der Milchkuh. Hocheiweißhaltige Futterstoffe sind hierzu vom Standpunkt der Eiweißökonomik weniger geeignet als solche, die reich an Fett, stickstofffreien Extraktstoffen und Rohfaser sind. Am plastischsten vorstellbar werden die Verhältnisse am praktischen Beispiel durch Gegenüberstellung des Stärkewertes eines eiweißreichen und eines eiweißarmen Futtermittels.

Luzerne vor der Blüte [2]
1,7% verdauliches Eiweiß; 9,1 kg Stärkewert im dz, 1,7% × 0,94 (Wirkungsfaktor des Eiweißes) = 1,6% Stärkewert aus Eiweiß.
Der Stärkewert der Luzerne beträgt 9,1. An ihm ist das Eiweiß mit 1,6, also rund $^1/_6$, beteiligt. Das sind 17,6% des Stärkewertes, die auf der Eiweißwirkung beruhen.

Deutscher Mais in der Milchreife [2]
0,8% verdauliches Eiweiß; 12,6 kg Stärkewert im dz, 0,8% × 0,94 = 0,75% Stärkewert aus Eiweiß.
Der Stärkewert des milchreifen Maises beträgt 12,6. An ihm ist das Eiweiß mit 0,75, also rund $^1/_{17}$, beteiligt. Das sind nur 6% Eiweißanteil am Stärkewert des Maises.

Darstellung I

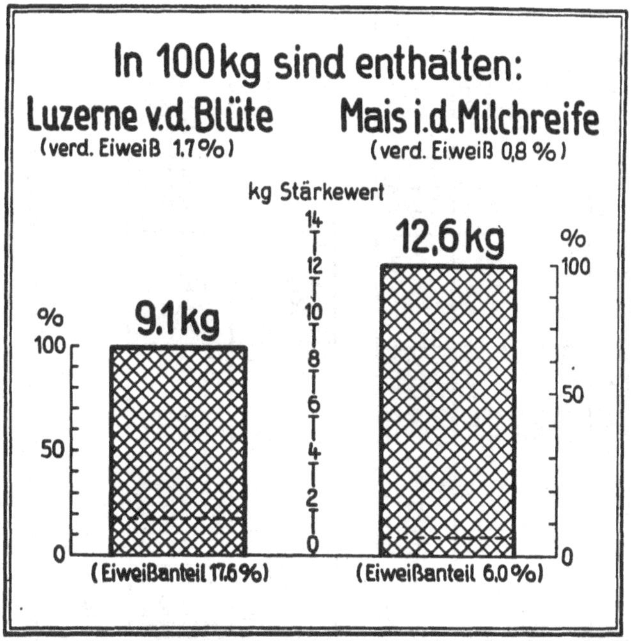

Die Stärkewerteinheit der Luzerne ist also anders zu bewerten als diejenige des Maises. Von der Gewichtseinheit Stärkewert der Luzerne entfallen 17,6% auf Eiweiß, und 82,4% sind Nichteiweißstoffe. Von der Gewichtseinheit Stärkewert bei Mais stellen nur 6% Eiweiß dar, und 94% sind N-freie Stoffe. Zur Deckung des Kohlehydratbedarfs der Milchkuh eignen sich der Mais und die anderen eiweißarmen Futterpflanzen in höherem Grade als die Luzerne und die anderen eiweißreichen Pflanzen.

Die Ergebnisse der Fütterungsversuche in Zahlenwerten

Das grundlegende Zahlenmaterial findet sich auf der Tabelle 1, Seite 6.

Die Zahlen sind die Mittelwerte sämtlicher Tage der einzelnen Perioden. Es dürfte Überblick und Deutung erleichtern, wenn man gleichzeitig auch die Werte der Tabellen 2 und 3 heranzieht.

Tabelle 1

I. Sommerstall

Versuch	Unausgeglichen					Veränd.d. Körpergewichts	Ausgeglichen					Veränd.d. Körpergewichts	Unausgeglichen					Veränd.d. Körpergewichts	Versuchsdauer Tage		
	Milch		Fett				Milch		Fett				Milch		Fett						
	kg/Tg.	rel.	%	g/Tg.	rel.	kg	kg/Tg.	rel.	%	g/Tg.	rel.	kg	kg/Tg.	rel.	%	g/Tg.	rel.	kg			
1	7,19	100	3,64	262	100	+ 0,1	7,50	104	3,50	262	100	− 0,63	7,00	97	3,42	239	91	+ 0,18	10	19	11
2	13,80	100	3,82	527	100	+ 1,0	14,26	103	3,77	538	102	− 0,74	12,26	89	3,71	455	86	+ 1,00	10	19	11
3	8,35	100	3,46	289	100	+ 0,5	9,17	110	3,40	312	108	+ 0,60	8,31	99	3,55	295	102	+ 1,00	22	20	11
4	9,20	100	3,13	288	100	− 0,5	9,06	98	2,90	263	91	+ 0,05	6,57	71	3,45	227	79	− 0,10	22	20	10
5	11,90	100	3,76	447	100	+ 0,8	14,29	120	4,29	613	137	+ 0,72	11,55	97	3,90	450	101	+ 0,15	10	20	10
Versuch	a		b	a · b			c		d	c · d			e		f	e · f					
1—5 ∅	10,09	100	3,56	359	100	+ 0,47	10,86	108	3,57	388	108	± 0	9,14	91	3,61	330	92	+ 0,45	15	20	11
1—4 ∅	9,63	100	3,51	338	100	+ 0,27	10,00	104	3,39	339	100	− 0,18	8,53	89	3,53	301	89	+ 0,52	16	19	11

II. Winterstall

Versuch	Ausgeglichen					Veränd.d. Körpergewichts	Unausgeglichen					Veränd.d. Körpergewichts	Ausgeglichen					Veränd.d. Körpergewichts	Versuchsdauer Tage		
	Milch		Fett				Milch		Fett				Milch		Fett						
	kg/Tg.	rel.	%	g/Tg.	rel.	kg/Tg	kg/Tg.	rel.	%	g/Tg.	rel.	kg/Tg.	kg/Tg.	rel.	%	g/Tg.	rel.	kg/Tg.			
1	20,30	100	3,30	670	100	− 0,42	18,20	90	3,35	610	91	− 2,31							36	13	
2	18,00	100	2,59	466	100	− 0,42	15,60	87	3,03	473	101	+ 0,17	16,70	93	3,06	511	110	− 0,20	12	41	10
3	17,20	100	4,19	721	100	− 0,62	16,30	95	3,96	645	89	± 0	17,40	101	3,54	616	85	+ 0,29	8	40	35
4	17,90	100	3,50	626	100	—	16,10	90	3,34	538	86	—	17,20	96	3,52	605	97	—	10	10	10
Versuch 2—4 ∅	17,70	100	3,43	607	100	− 0,52	16,00	90	3,44	550	91	+ 0,08	17,10	97	3,37	576	95	+ 0,04	10	30	18
1—4 ∅	18,35	100	3,39	622	100	− 0,49	16,55	90	3,42	566	91	− 0,71									

Fehlerstatistische Auswertung der Einzelmessungen nach der Differenzmethode.

In der Sommerstallfütterung sind die Leistungszunahmen an Milch beim Übergang von „unausgeglichen" zu „ausgeglichen" bis auf den Versuch 4 vorhanden, aber nur in den Versuchen 2 und 3 statistisch gesichert. Beim Übergang von „ausgeglichen" zu „unausgeglichen" ist der Milchabfall nur im Versuch 3 nicht ausreichend, in allen übrigen Versuchen aber „gut", überwiegend sogar „sehr gut" gesichert.

In der Winterstallperiode sind die Differenzen sämtlicher Versuche, sowohl von „ausgeglichen" zu „unausgeglichen" als auch von „unausgeglichen" zu „ausgeglichen", trotz der im letzteren Falle inzwischen fortgeschrittenen Laktationsperiode „sehr gut" gesichert.

Die Zahlen der Tabelle 2 sind die der Tabelle 1 entstammenden Gesamtdurchschnittswerte aller Versuche, getrennt nach Sommer- und Winterstallfütterung. In der Tabelle 3 sind zur noch weiteren Vereinfachung die jeweils doppelt durchgeführten Perioden in ihrem arithmetischen Mittel ausgedrückt.

Milchleistung

Ein Futter mit ausgeglichener Eiweiß-Stärkewert-Beziehung (Tabelle 2) bringt in jedem Falle eine höhere Leistung. Im Sommerstall steigert sich die tägliche

Tabelle 2

Gesamtdurchschnittswerte der

I. Sommerstallfütterung — II. Winterstallfütterung

	Milch		Fett			Veränderung des Körpergewichts kg/Tg.		Milch		Fett			Veränderung des Körpergewichts kg/Tg.
	kg/Tg.	rel.	%	g/Tg.	rel.			kg/Tg.	rel.	%	g/Tg	rel.	
Unausg.	10,09	100	3,56	359	100	+ 0,47	Ausggl.	17,70	100	3,43	607	100	− 0,52
Ausggl.	10,86	108	3,57	388	108	± 0	Unausg.	16,00	90	3,44	550	91	+ 0,08
Unausg.	9,14	91	3,61	330	92	+ 0,45	Ausggl.	17,10	97	3,37	576	95	+ 0,04

Tabelle 3

	Milch		Fett			Veränderung des Körpergewichts kg/Tg.	Milch		Fett			Veränderung des Körpergewichts kg/Tg.
	kg/Tg.	rel.	%	g/Tg.	rel.		kg/Tg.	rel.	%	g/Tg.	rel.	
Unausgeglichen	9,61	100	3,58	344	100	+ 0,46	16,00	100	3,44	550	100	+ 0,08
Ausgeglichen	10,86	113	3,57	388	113	± 0	17,40	109	3,40	592	109	− 0,24

Leistung um 0,77 kg und geht bei Rückkehr zu „unausgeglichen", den Ausgangswert noch weit unterschreitend, um 1,72 kg zurück. Im Winterstall sinkt die Leistung beim Übergang von „ausgeglichen" zu „unausgeglichen" um 1,70 kg und erhöht sich bei Rückkehr zur „ausgeglichenen" Fütterung trotz inzwischen fortgeschrittener Laktation wieder um 1,10 kg. Die Ausgeglichenheit der Ration vermag also die Gesetzmäßigkeit von dem mit zeitlicher Distanz vom Abkalbetermin zunehmenden Milchabfall — in Grenzen — zu durchbrechen.

Prozentualer Fettgehalt

Allgemein besteht beim Einzeltier zwischen Milchmenge und prozentualem Fettgehalt eine gegenläufige Beziehung, und zwar so, daß mit steigender Milchmenge, zu Beginn der Laktation, der Fettgehalt niedriger und umgekehrt mit fallender Milchmenge, gegen Ende der Laktation, der Fettgehalt höher ist. In unseren Versuchen (Tabelle 1) wird diese mengen-inhaltsmäßige Gegensätzlichkeit nicht eindeutig bestätigt. 3 Bestätigungen der Gegensätzlichkeit stehen 2 Verneinungen gegenüber, bei den übrigen 4 Versuchen sind die Beziehungen unklar. In den Gesamtdurchschnittswerten der Tabelle 3 ist, allerdings erst in der zweiten Dezimale, eine leicht rückläufige Tendenz bei steigender Milchmenge, also bei ausgeglichener Fütterung, angedeutet. Insgesamt nimmt das Moment der Ausgeglichenheit bzw. Unausgeglichenheit keinen klaren Einfluß auf den Fettgehalt, sehr im Gegensatz zu seinem starken Einfluß auf die Milchmenge.

Fettmenge

Als Produkt aus Milchmenge und Fettgehalt ist die Fettmenge der entscheidende Leistungsmaßstab. Da die Fütterung den Fettgehalt wenig beeinflußt, verlaufen Milchmenge und Fett-g/Tag etwa parallel (Tabelle 2): In der Sommerstallfütterung erhöht die ausgeglichene Fütterung die tägliche Fettmenge um 29 g; bei Rückkehr zur unausgeglichenen geht sie wieder um 58 g zurück. In der Winterstallfütterung fällt die tägliche Fettmenge beim Übergang von „ausgeglichen" zu „unausgeglichen" um 57 g und steigt bei Rückkehr zu „ausgeglichen" wieder um 26 g an. Ein der Milchleistung des Tieres entsprechendes Verhältnis zwischen Eiweiß und Stärkewerten erbringt also immer die höhere Fettleistung.

Veränderungen des Körpergewichtes

Sie mögen hier ein Ausdruck für die Gesundheit der Tiere sein. Aus der Tabelle 1, übersichtlicher aus den Tabellen 2 und 3, läßt sich grundsätzlich ableiten, daß das Körpergewicht bei unterdurchschnittlichen Stärkewerten, also geringerer Leistung, deutlich steigende und bei einer in Eiweiß und Stärkewerten ausgeglichenen Fütterung, bei höherer Leistung, verharrende bzw. fallende Tendenz zeigt. Die registrierten Werte sind durchaus bedeutend. Wenn z. B. die Kühe in der Winterstallfütterung während der ersten ausgeglichenen Periode (Tabelle 2) täglich 520 g verlieren, dann bedeutet das einen monatlichen Gewichtsverlust von 16,1 kg.

Man kann die Zahlenergebnisse der 9 Fütterungsversuche nach der Tabelle 3 etwa so formulieren: In den in der Eiweiß-Stärkewert-Beziehung ausgeglichenen Perioden steigt die tägliche Milchleistung im Sommerstall um 1,25 und im Winterstall um 1,40 l Milch; das Fettprozent reagiert bei den Einzelversuchen unberechenbar; die Fett-g/Tagesleistung erhöht sich, parallel der gesteigerten Milchmenge, um 44 bzw. 42 g; aber bei „ausgeglichen" nehmen die Tiere im Körpergewicht ab, bei „unausgeglichen" zu.

Die Ergebnisse in zeichnerischer Darstellung

Von der Sommerstallfütterung wurden die Versuche 1 und 2 sowie 3 und 4 jeweils in Säulen zusammengefaßt (Darstellung IIa). Von der Winterperiode ist der Versuch 2 in Säulenform (Darstellung IIb), der Versuch 4, bei dem zwischen den einzelnen Perioden eine 10tägige Vorversuchszeit als Vorbereitung auf die Fütterung der folgenden Periode eingeschoben war, dagegen graphisch und in seinen täglichen Schwankungen gezeichnet (Darstellung IIc).

Darstellung IIa

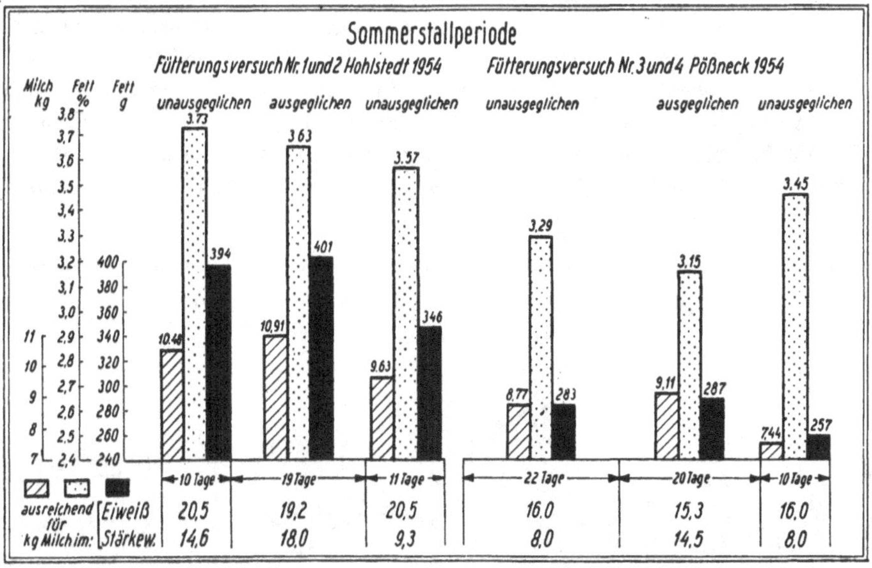

Darstellung IIb

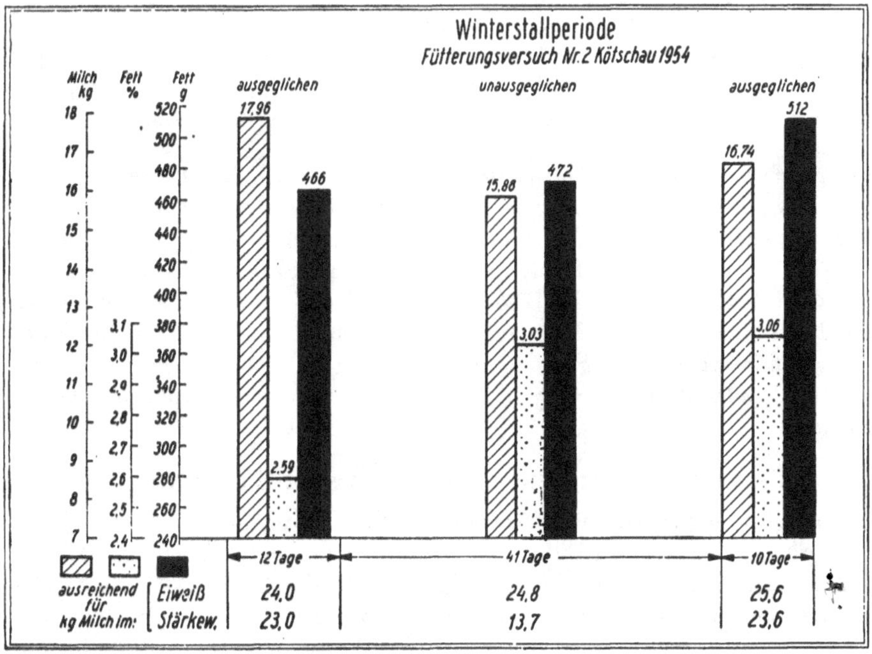

Die Darstellungen bringen dasselbe zum Ausdruck wie die vorher erörterten Zahlenwerte: durch die ausgeglichene Fütterung ausnahmslos steigende Milchleistung, wenig eindeutig, fast unberechenbar beeinflußtes Fettprozent, höchste Fettlieferung, letztere mit einer Ausnahme in der ersten Periode des Versuches in Kötschau (Darstellung IIb). Besonders klar und eindeutig ist der Versuch Nr. 4 Kalteneber (Darstellung IIc). Sieht man von den täglichen Schwankungen ab, dann bringen die in geraden Linien dargestellten Mittelwerte den Einfluß von „ausgeglichen“, „unausgeglichen“ und nochmals „ausgeglichen“ in Milchleistung,

Darstellung IIc

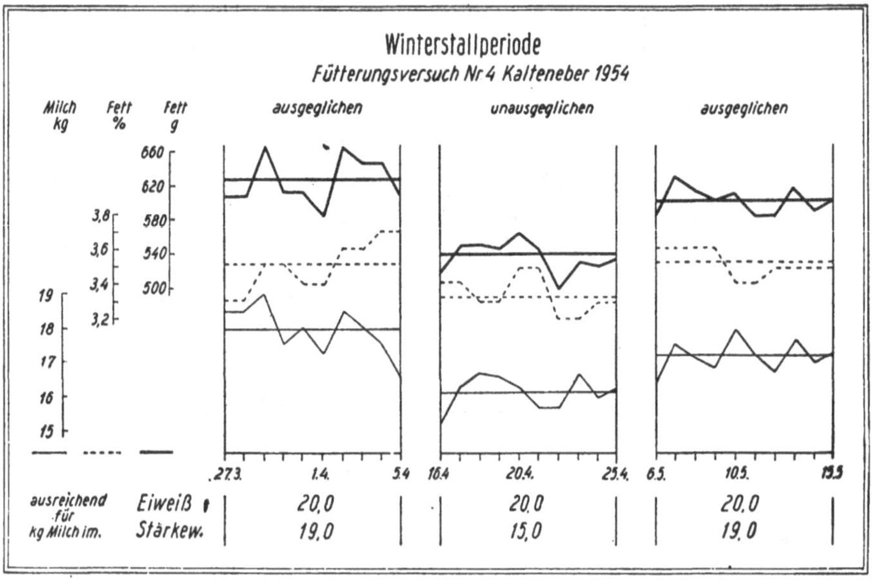

Fettprozent und Fettleistung eindeutig zum Ausdruck. Die Fütterung reicht hier – wie überall nach Abzug des Erhaltungsbedarfs – während der gesamten Versuchsdauer im Eiweiß für 20 l Milch aus, im Stärkewert bei „ausgeglichen“ für 19, bei „unausgeglichen“ für 15. Besonders beweiskräftig für die Bedeutung der ausgeglichenen Ration ist: Die 3. Periode, also die 2. ausgeglichene, vermag mit 17,1 l Milch die Höhe der 1. ausgeglichenen mit 17,9 nicht mehr ganz zu erreichen, zeigt aber im Vergleich zu der vorausgegangenen unausgeglichenen mit nur 16,1 l trotz inzwischen vorgeschrittener Laktation einen erheblichen Wiederanstieg.

Übertragung der Ergebnisse auf die Praxis der Milchviehhaltung

Die betriebs- und ernährungswirtschaftliche Reichweite der auf den ersten Blick geringfügig erscheinenden Differenzen kommt in der nachstehenden Überlegung zum Ausdruck. Es wurden dabei die folgenden Unterstellungen, die sich bei aller notwendigen Schematisierung um möglichst große Annäherung an die Praxis bemühen, gemacht: Abkalbetermin 15. 8.; Sommerstallfütterung 200 Tage, vom 1. 5. bis 16. 11.; Winterstallfütterung 165 Tage, vom 17. 11. bis 30. 4.; Laktationsdauer 300 Tage; die Kuh steht während ihrer Laktation 135 Tage in Sommerstallfütterung, 165 Tage in Winterstallfütterung, 65 Tage „trocken". Dann ergibt sich unter Einsatz der in den Versuchen gewonnenen Durchschnittswerte die folgende Tabelle, welche die Bedeutung der ausgeglichenen Fütterung zum Ausdruck bringt.

Tabelle 4

Sommerstallfütterung, 135 Tage

	Milch			Fett		
		Mehrleistung gegen unausgeglichen			Mehrleistung gegen unausgeglichen	
	kg/Tag	kg/Tag	kg/135 Tage	g/Tag	g/Tag	kg/135Tage
Ausgeglichen	10,86	1,25	169	388	44	5,9
Unausgeglichen	9,61			344		

Winterstallfütterung, 165 Tage

	Milch			Fett		
		Mehrleistung gegen unausgeglichen			Mehrleistung gegen unausgeglichen	
	kg/Tag	kg/Tag	kg/165 Tage	g/Tag	g/Tag	kg/165 Tage
Ausgeglichen	17,40	1,40	231	592	42	6,9
Unausgeglichen	16,00			550		

Die durch die Ausgeglichenheit der Fütterung bedingte Mehrleistung beträgt also im Jahr bei der Milch 169 + 231 = 400 kg, beim Fett 5,9 + 6,9 = 12,8 kg. Eine Durchschnittskuh von 3500 kg und 3,5% Fett erbringt 122,5 kg Fett. Wenn es gelingt, durch die ausgeglichene Eiweiß-Stärkewert-Relation ihre Leistung um die in den Versuchen ermittelten Werte zu erhöhen, die Milch auf 3900 kg und die Fettlieferung auf 135 kg, so entspräche das einer Mehrleistung von 11% sowohl in der Milch als auch im Fett. In strengem Sinne treffen die Mehrleistungen von 400 kg Milch und 12,8 kg Fett = je 11% nur auf unsere Versuche und die gemachten Unterstellungen zu. In der Praxis werden sie immer variieren, jedoch nicht so, daß sie ihre allgemeine Gültigkeit verlieren. Anders gesagt: beim Übergang von einer unausgeglichenen Fütterung zu einer solchen, die in ihrer Eiweiß-Stärkewert-Relation der jeweiligen Leistung des Tieres entspricht, werden sich immer Mehrleistungen im Bereich von 400 kg Milch und 13 kg Fett = 11% bei beiden Produkten ergeben.

Die vorliegenden Ergebnisse berechtigen durchaus zu dieser weitgehenden Schlußfolgerung. Sowohl in der Sommer- als auch in der Winterstallfütterung (Tabelle 1) liegen, mit zwei wahrscheinlich physiologisch bedingten Abweichungen nach unten, die Leistungen während der Perioden mit „ausgeglichener" Eiweiß-Stärkewert-Relation im Futter immer höher als die bei „unausgeglichen".

Die richtige Gestaltung der Eiweiß-Stärkewert-Beziehung

Richtig ist diejenige Relation, die das Leistungsvermögen des Tieres ohne Gesundheitsbeeinträchtigung ausschöpft. Die theoretisch ausgeglichene Eiweiß-Stärkewert-Beziehung für die Milchbildung liegt nach Abzug der Nährstoffe für die Eigenerhaltung bei 1 : 4,5. Um zu einer Vorstellung von der praktisch richtigen Beziehung zu kommen, welche die Leistung ausschöpft und die Gesundheit erhält, wurden zwei Einzelversuche, einer aus der Sommerstall- und einer aus der Winterstallfütterung, in dieser Richtung ausgewertet.

Tabelle 5

Sommerstallfütterung, Versuch 2

Fütterung 1. g Eiweiß	 g Stärkew.	Milch	Veränderungen des Körpergewichtes In der Periode von x Tagen y kg		
2. Ausreichend f. kg Milch im Eiweiß	im Stärkew.				
3. Eiw./Stärkew.-Rel.		kg/Tag		g/Tag	kg/Monat
Unausgeglichen					
1. 1125	3491	13,8	in 10 Tagen		
2. 20,5	14		10 kg mehr	+ 1000	+ 31
3. 1	3,1				
Ausgeglichen					
1. 1059	4510	14,3	in 19 Tagen		
2. 19,2	18,0		14 kg weniger	− 737	− 23
3. 1	4,2				
Unausgeglichen					
1. 1125	2331	14,1	in 11 Tagen		
2. 20.5	9,3		11 kg mehr	+ 1000	+ 31
3. 1	2,1				

Winterstallfütterung, Versuch 2

Fütterung 1. g Eiweiß	 g Stärkew.	Milch	Veränderungen des Körpergewichtes In der Periode von x Tagen y kg		
2. Ausreichend f. kg Milch im Eiweiß	im Stärkew.				
3. Eiw./Stärkew.-Rel.		kg/Tag		g/Tg.	kg/Monat
Ausgeglichen					
1. 1340	5779	18,2	in 12 Tagen		
2. 24	23		5 kg weniger	−417	− 13
3. 1	4,3				
Unausgeglichen					
1. 1296	3370	15,6	in 41 Tagen		
2. 24	13,5		7 kg mehr	+171	+ 5,3
3. 1	2,6				
Ausgeglichen					
1. 1387	5901	16,7	in 10 Tagen		
2. 25,6	23,6		2 kg mehr	+200	+ 6,2
3. 1	4,2				

Gegenüber der theoretischen Beziehung von 1 : 4,5 liegen die Relationen beider Versuche

in den drei unausgeglichenen Zeitstrecken im Durchschnitt bei 1 : 2,6. Sie ergeben bei herabgesetzter Leistung eine monatliche Zunahme im Durchschnitt von 22,5 kg;

in den drei ausgeglichenen Zeitstrecken im Durchschnitt bei 1 : 4,2. Sie ergeben bei erhöhter Leistung eine monatliche Abnahme im Durchschnitt von 9,9 kg.

Offenbar verlangt die Milchkuh mäßige Eiweißüberschüsse. Sonst muß sie die erhöhte Leistung aus eigener Körperreserve bestreiten. Die richtige Relation hat gegenüber der theoretischen etwas enger zu sein und etwa im Bereich 1 : 4 zu liegen. Für die Praxis der Fütterung läßt sich sagen: Man sollte gegenüber der theoretischen Relation für 1 kg Milch von 55 g Eiweiß: 250 g Stärkewert = 1 : 4,5 in den Eiweißwerten etwas vorhalten, etwa auf 60 : 250 bis 65 : 250 = 1 : 4,2 bis 3,8. Bei der Aufstellung von Rationen für die Milchkuh muß der Fütterer die „Milcherzeugungswerte", d. h. die Nährstoffe nach Abzug des Erhaltungsbedarfs, zugrunde legen und von dem Stärkewertbedarf, welcher der jeweiligen Leistung entspricht, ausgehen. Die Eiweißwerte sind dann so zu bemessen, daß sich die Gewichtseinheiten von Eiweiß und Stärkewert wie 1 : 4 bzw. in deren engerem Bereich verhalten. Aus Sicherheitsgründen sollte die Beziehung lieber etwas enger, 1 : 3,8, sein.

Auch die Praxis macht sich ernste Gedanken um die erzeugungsmäßig und wirtschaftlich richtige Relation. Nach dem sehr erfolgreichen Viehwirt COUCHE, Betriebsleiter des zum Institut für Acker- und Pflanzenbau Halle gehörigen Universitätsgutes Noitzsch, muß bei einer Milchkuh mit höherer Leistung bei voll gedecktem Stärkewertbedarf im Eiweiß um den Wert für 10 kg Milch vorgehalten werden. Eine 19-Liter-Kuh füttert er:

im Stärkewert $19 \times 250 = 4750$ g
im Eiweiß $29 \times 55 = 1595$ g.

Es entsteht eine Relation von 1 : 3. COUCHE geht, wie auch wir, vom vollgesicherten Stärkewertbedarf aus. Dann aber gestaltet er u. E. unter Eiweißverschwendung seine Rationen zu eng. Er erzwingt die volle Leistung der Kuh, wahrscheinlich bei guten Gewichtszunahmen. An sich besteht nur ein gradueller Unterschied zwischen beiden Ansichten. Dieser aber ist wichtig, weil Rationen von 1 : 3 eine größere Fläche von Eiweißlieferanten, insgesamt eine übersteigerte Futterfläche fordern. U. E. muß man bei voll erfülltem Stärkewertbedarf im Eiweiß um ca. 5 l gegenüber der Norm vorhalten.

Verbleib bzw. Wirkung und Verwertung überschüssiger Eiweißwerte

Im Gegensatz zum Jungtier mit hohem Eiweißbedarf ist nach der einschlägigen ernährungsphysiologischen Literatur [3] der ausgewachsene Organismus bestrebt, alles den Erhaltungs- und Leistungsbedarf übersteigende Eiweiß vorrangig zu

zersetzen, zu desaminieren, d. h. das Ammoniak aus dem Eiweißkörper auszubauen, um das Kohlehydratgerüst für Fettbildung und energetische Zwecke zu verwerten. Von dem gesamten Energievorrat im verdauten Eiweiß bilden dabei nur 35% Körperfett, 19% werden unproduktiv durch den Harn ausgeschieden, und 46% gehen als Wärme verloren. Danach kann der voll entwickelte Organismus Eiweißüberschüsse nicht nennenswert deponieren. Nach anderen Untersuchungen ist besonders der Wiederkäuer sehr wohl befähigt, Eiweißrücklagen zu schaffen, namentlich in den inneren Organen, Herz, Leber und Nieren. Dabei soll es sich jedoch nicht um echten Eiweißansatz, also zusätzliche Fleischbildung handeln, da keine Gewichtserhöhung eintritt.
Alles in allem ist nach der ernährungsphysiologischen Literatur die Bilanz überschüssiger Eiweißmengen im vollentwickelten Organismus wenig positiv. Immerhin wirken sich in unseren Versuchen die Eiweißüberschüsse in den Perioden mit unausgeglichener Fütterung in Gewichtszunahmen aus, während in den ausgeglichenen die Eiweißwerte restlos für die Leistung verbraucht werden, so daß die Körpergewichte zurückgehen oder verharren. Eine Stütze für die Annahme, daß Eiweißüberschüsse auch vom erwachsenen Tier verwendet werden, ist die Beobachtung, daß die Tiere beim Übergang von der meist eiweißarmen Winterstallfütterung zur Rotklee- bzw. Luzernefütterung unter Gewichtszunahme eine vorzügliche äußere Kondition annehmen.

Eine Kuh mit hoher Milchmenge und etwas geringeren Fettprozenten oder eine solche mit etwas geringerer Milchmenge und höheren Fettprozenten?

Von 2 Kühen mit gleicher Jahreslieferung an kg Fett dürfte züchterisch wohl diejenige die wertvollere sein, die ihre Fett-kg-Leistung mit einem höheren Fettprozent in einer geringeren Milchmenge aufbaut. Hohe Milchleistungen beanspruchen den Organismus sehr stark, und das Tier mit der geringeren Milchleistung und dem höheren Fettprozent dürfte wohl gesünder bleiben und langlebiger sein. Das Ideal jedes Viehwirtes ist natürlich dasjenige Tier, das aus erblicher Veranlagung eine hohe Milchleistung, ein hohes Fettprozent und eine robuste Gesundheit vereinigt. Sache des Viehwirtes ist es dann, diese genetisch verankerten Leistungs- und Resistenzeigenschaften durch beste, ausgeglichene Fütterung und gesunde Haltung in vollem Umfange zu entwickeln.

Beobachtungen und Ermittlungen über die Eiweiß-Stärkewert-Beziehung aus der Praxis

Unmittelbare Veranlassung zur Durchführung unserer Fütterungsversuche war eine gelegentliche Beobachtung im Milchviehstall des Universitätsgutes Kötschau. Bei völliger Wiesenfreiheit — nur 3,75 ha Jungviehweide bei einer Gesamtgröße von 104 ha — ist Kötschau durch die Luzerne als Hauptfruchtfutterpflanze und einen Zuckerrübenbau von knapp 10% des Ackers eine Wirtschaft mit stark überschüssigem Futtereiweiß. Gedämpfte Kartoffeln, deren Menge für die Sofortverfütterung im Schweinestall zu groß und für die Einsäuerung zu gering war, wurden im Kuhstall verfüttert. Innerhalb von zwei Tagen stieg die durchschnittliche Milchleistung je Kuh um etwa 2 kg. Ein weiteres Beispiel aus der Praxis stammt aus der

Wirtschaft Erdmann, Markersdorf

Es handelt sich um eine schwarzbunte Kuh, 11 Jahre, 9 Kälber, das letzte am 13. 10. 1951. Die Unterlagen zur Tabelle 6 wurden den Aufzeichnungen der Wirtschaft und dem Milchkontrollbuch entnommen.
Entsprechend der neuzeitlichen Fütterungsweise setzten sich die Rationen durchschnittlich aus 7 verschiedenen Futtermitteln zusammen, im Sommer aus jahreszeitlich anfallendem Grünfutter, im Winter aus Luzerne- und Rotkleeheu, Futterrüben, Haferstroh und Spreu. Als Kraftfutter wurden im Sommer wie im Winter Haferschrot, Weizenkleie und zeitweise Mohnextraktionsschrot eingesetzt, in der futterrübenfreien Zeit als Stärkewertträger rohe Kartoffeln.

Tabelle 6

Monat	Fütterung				Leistung				
	Milcherzeugungswerte[1]		Ausreichend für Milch		Eiweiß-Stärkewert-Relation	Melktage	Milch tägl. kg	Fett	
	Eiweiß g	Stärkewert g	i. Eiw. kg	i. Stw. kg				%	absol. tägl. g
	1	2	3	4	5	6	7	8	9
1951									
1. Oktober	1971	6294	36	25	1 : 3,2	18	27,9	2,8	781,2
2. November	1973	6344	36	25	1 : 3,2	30	27,9	3,2	892,8
3. Dezember	2125	5012	39	20	1 : 2,3	31	25,2	3,7	932,4
1952									
4. Januar	2125	5012	39	20	1 : 2,3	31	21,8	3,7	806,6
5. Februar	1373	4124	25	16,5	1 : 3,0	29	18,4	2,9	533,6
6. März	1373	4124	25	16,5	1 : 3,0	31	20,0	2,8	560,0
7. April	1973	5524	36	22,1	1 : 2,8	30	21,1	2,9	611,9
8. Mai	1671	6614	30	26	1 : 4,0	31	21,7	2,9	629,3
9. Juni	1871	7814	34	31	1 : 4,2	30	17,2	2,8	481,6

Im Unterschied und Gegensatz zu den Perioden mit unausgeglichener Fütterung in unseren eigenen Versuchen ist zu beobachten:

1. Die Relationen (Rubrik 5) betragen hier durchschnittlich 1 : 3,3 gegen durchschnittlich 1 : 2,6 bei unseren Versuchen.
2. Die verabreichten Stärkewertmengen entsprechen ungefähr der Milchmenge (Zahlenreihen 4 und 7), während sie bei den Versuchen bewußt herabgesetzt waren.

[1]) Milcherzeugungswerte = g Eiweiß und g Stärkewert nach Abzug des Erhaltungsbedarfs.

Auf die Reduzierung der Stärkewertfütterung im Dezember und Januar und besonders im Februar und März reagiert die Kuh mit starkem Abfall der Milchleistung, die aber in den folgenden Monaten trotz inzwischen fortgeschrittener Laktation mit Erhöhung des Kohlehydratanteils und allerdings auch der Eiweißwerte wieder ansteigt. Zwischen der Fütterung, speziell dem Stärkewertanteil, und dem Fettprozent (Zahlenreihen 4 und 8) besteht keine klare Beziehung. Um so deutlicher ist die Beziehung zwischen Stärkewerten und absoluter Fettlieferung über die erhöhte Milchmenge (Zahlenreihen 4 und 9).

Es mag noch die von NEHRING [4] mitgeteilte Normalkurve der mit fortschreitender Laktation abfallenden Milchmenge derjenigen gegenübergestellt werden, die sich bei der vorliegenden Fütterung ergibt.

Tabelle 7

I Normaler Laktationsverlauf				II Laktationsverlauf bei vorliegender Fütterung			
Monat	kg	%	Abfall	Futter nach Eiweiß und Stärkewert ausreichend für kg Milch	ermolkene Milch kg	%	Abfall %
1.	14,3	87	—	36/25	27,9	100	—
2.	16,0	97	—	36/25	27,9	100	—
3.	16,4	100	—	39/20	25,2	90	10
4.	12,5	76	24	39/20	21,8	78	22
5.	12,4	76	24	25/16,5	18,4	66	34
6.	10,3	63	37	25/16,5	20,0	72	28
7.	8,3	51	49	36/22,1	21,1	76	24
8.	6,5	40	60	30/26	21,7	78	22
9.	5,8	35	65	34/31	17,9	62	38
10.	2,4	15	85				

Bei der Normalkurve wird die Höchstleistung erst im 3. Laktationsmonat erreicht, bei der „vorliegenden Fütterung" schon im 1. Der normale Abfall ist ungleich steiler. Bei starker Fütterung wird der natürliche Leistungsabfall stark abgebremst. Im 8. und 9. Laktationsmonat beträgt der Abfall bei „normal" bereits 60 und 65, bei „vorliegend" erst 22 und 38%.

Universitätsgut Kötschau

Abbremsung des natürlichen Leistungsabfalles

Durch ergänzende Zufütterung von spezifischen Stärkewertträgern, Trockenschnitzeln, neuerdings auch Silage aus Mais und Sonnenblume, gelingt es auch in dieser Wirtschaft mit stark überschüssigen Eiweißwerten, den mit zunehmendem Abstand vom Abkalben kontinuierlich zunehmenden Milchabfall wesentlich zu verlangsamen. Die Tabelle 8 enthält Zahlen für 5 Kühe mit ungefähr übereinstimmenden Kalbeterminen. Die Höchstleistung jeweils ist = 100 gesetzt.

Tabelle 8

Monat	Normal	Kuh 1	Kuh 2	Kuh 3	Kuh 4	Kuh 5
1.	87	100	90	91	100	100
2.	97	96	96	100	90	98
3.	100	84	100	87	79	92
4.	76	81	91	88	64	97
5.	76	88	75	80	54	87
6.	63	82	81	72	49	76
7.	51	81	64	55	31	70
8.	40	74	56	44	19	61
9.	35	67	36	41	22	40
10.	15	56		43	13	23

Von den 5 Kühen beginnen 3 bereits im ersten Laktationsmonat mit voller Leistung. Bis auf die Kuh 4, deren Milchabfall noch stärker als bei der Normalkurve ist, weisen sämtliche anderen Kühe infolge guter Fütterung – ausreichende Kohlehydrate bei meist überschüssigen Eiweißwerten – in der späteren Laktationszeit Leistungen auf, die durchweg weit über den Werten der Normalkurve liegen.

Milchleistungskurven Kötschau 1953 und 1954

Zu Beginn dieser Arbeit wurde versucht, die Bedeutung einer in der Eiweiß-Stärkewert-Relation ausgeglichenen Fütterung für die Ökonomie des Futtereiweißes zahlenmäßig exakt durch den Fütterungsversuch zu beweisen. Zwar gröber, aber eigentlich noch überzeugender ist die Beweisführung aus der Praxis, ebenfalls durch Vergleich von Fütterung und Leistung.

Aus den Darstellungen III bis VI sind die Leistungen im Kuhstall der Wirtschaft 1953 und 1954 kurvenmäßig dargestellt, in jedem Jahre die Durchschnittsleistung der Gesamtherde, 31 bzw. 38 Kühe, und die Leistungen der Kühe über 12 l, jährlich ca. 20 Tiere. Auf den Abszissen sind die Daten für Milch, Fettprozent und Fett-g/Tag eingetragen, auf der Ordinate die Fütterung in den einzelnen Monaten. Letztere ist ausgedrückt durch „Milcherzeugungswerte" (Nährstoffe nach Abzug des Erhaltungsbedarfs), die sich aus der Ration hinsichtlich Eiweiß und Stärkewert für die Milcherzeugung ergeben. Die dritte Zahlenreihe enthält die aus Eiweiß- und Stärkewertmengen resultierende Relation.

Zwecks einer vereinfachten Erörterung soll sich die Besprechung zunächst auf die Darstellung III (Gesamtleistung aus dem Jahre 1953) beschränken. Man hätte auch jede andere Darstellung wählen können, weil sämtliche 4 Kurvenbilder trotz unterschiedlichen Verlaufs im einzelnen dort, wo es darauf ankommt, absolute Gemeinsamkeiten aufweisen. Als Beurteilungsgrundlage dienen die Eiweiß-Stärkewert-Relationen (dritte Zahlenreihe) und deren Vergleich zu Milchmenge, Fettprozent und Fett-g-Leistung. Als Resultante aus Milchmenge und Fettprozent besitzt letztere den höchsten praktischen Deutungswert.

Die Fett-g/Tag-Leistung in ihrer Beziehung zur Fütterung. Ihre Höchstwerte (Darstellung III) erreicht die Fett-g/Tagesleistung mit 478 g im Februar und 504 g im November. Der niedrigste Wert von 340 g liegt im Juni .Die hohen Februar- und Novemberwerte sind gekennzeichnet durch Eiweiß-Stärkewert-Relationen von 1 : 3,1 bzw. 3,7, der niedrigste Wert im Juni durch 1 : 1,5. Insgesamt zeigt der Jahresverlauf

1. bei 1 : ∅ 2,93 einen Kurvenhöhepunkt im Januar/März, also in der zweiten Hälfte der Winterfütterung,

2. bei 1 : ∅ 2,18 die Zeit der niedrigsten Leistung im April/September, also während des zeitweisen Frühweideganges sowie der Winterzwischenfrucht- und der eigentlichen Grünfütterung,

3. bei 1 : ∅ 4,25 nochmals einen ausgeprägten Kurvenhöhepunkt im Oktober bis Dezember in der ersten Hälfte der Winterfütterung.

Die Tendenz ist völlig klar und der Nachweis auch für den kritischen Betrachter überzeugend: Die höheren Leistungen liegen bei weitem bzw. relativ weitem Eiweiß-Stärkewert-Verhältnis von 1 : 3—4 in der Winterfutterperiode, die geringeren bei enger Relation 1 : 1,5 in der Zeit der Luzernegrünfütterung, und zwar in völliger Unabhängigkeit von der Menge des gefütterten Eiweißes. Die theoretische Eiweiß-Stärkewert-Relation für die Milcherzeugung beträgt 55 : 250 = 1 : 4,5, nach unseren Versuchen liegt die optimale jedoch bei 1 : 3,8 bis 4,2, d. h. mit Rücksicht auf die Gesundheit der Tiere muß ein gewisser Eiweißüberschuß in den Rationen vorhanden sein. — Vielleicht zeigen die nachstehenden Zahlen in etwas anderer Zusammenfassung der Zeiten die Beziehung zwischen ausgeglichener und unausgeglichener Fütterung auf der einen und Leistung auf der anderen Seite noch deutlicher als die Kurvendarstellungen.

Tabelle 9

	Fütterung Ausreichend für kg Milch in			Leistung		
	Eiweiß	Stärke-wert	Rel. 1 :	Fett g/Tag	Milch kg	Fett %
Jan./März und Sept./Dez. Winterfutterperiode	15,9	13,29	3,35	463	13,46	3,42
April/Mai, Winterzwischen-fruchtfütterung	12,8	8,50	3,20	363	12,37	2,93
Juni/August, Luzerne-fütterung	29,4	7,63	1,50	370	11,14	3,33

Die höchste Fett-Tagesleistung je Kuh wird mit 463 g in der Winterfutterperiode bei einer Relation von 1 : 3,35 erreicht, bei derjenigen, die sich der optimalen von 1 : 4 am meisten nähert. In der Grünfutterperiode, sowohl bei der Winterzwischenfrucht als auch bei der Luzerne, liegen die Fettleistungen bei engeren Beziehungen mit 363 bzw. 370 g ungleich niedriger. Wenn die Eiweißwerte für die jeweilige Leistung überhaupt ausreichen, ist deren weitere Steigerung völlig wirkungslos. Das erhellt am deutlichsten aus den Zahlen für die Monate Juni/August, in denen die überwiegende Luzernefütterung erhebliche Eiweißüberschüsse in die Rationen brachte. Wenn man nur die Eiweiß-Stärkewert-Relation als Maßstab zugrunde legt, ergibt sich zwischen den Zeiten der Winterzwischenfrucht- und Luzernefütterung ein offensichtlicher Widerspruch: bei 1 : 3,2 und 1 : 1,5, also sehr unterschiedlichen Relationen, gleich niedrige Leistungen. Er dürfte so zu deuten sein: Etwa Mitte April beginnt in dieser Wirtschaft für 2 bis 3 Wochen der stundenweise Frühweidegang der Kühe. Wahrscheinlich sind die Eiweißwerte, die bei dieser Stundenweide aufgenommen wurden, höher, als bei der Berechnung unterstellt wurde. Es dürften also die Relationen tatsächlich enger sein. Völlig klar und eindeutig ist die Beziehung Fütterung — Leistung, wenn man statt der Relationen die Stärkewerte als Gradmesser zugrunde legt. Unter der Voraussetzung einer ausreichenden bzw. einer den Bedarf in Grenzen übersteigenden Eiweißfütterung entscheidet die Höhe der Stärkewertfütterung über die Höhe der Fett-g-Lieferung. Die Stärkewerte sind die Minimumfaktoren der tierischen Leistung und ein eindeutigeres Kriterium als die Relationen, die sich je nach der Höhe der Eiweißfütterung stark verschieben. Die Leistung kann auch bei enger Beziehung hoch sein, nämlich dann, wenn die Stärkewerte für die Leistung ausreichen, man aber stark überschüssige Eiweißmengen füttert. Für die Praxis der Fütterung bleibt es bei dem, was schon einmal gesagt wurde: Bei der Zusammenstellung von Rationen muß man von dem der jeweiligen Leistung entsprechenden Stärkewertbedarf ausgehen und die Eiweißwerte so bemessen, daß ein Verhältnis 1:4 entsteht.

Das Fettprozent in seiner Beziehung zur Fütterung. In Bestätigung unserer Befunde bei den Fütterungsversuchen ist sowohl nach den Werten der Tabelle 9 als auch nach der Kurvendarstellung die Beziehung zwischen Fütterung und Fettprozent nicht bestimmt. Bei der weitesten wie auch bei der engsten Relation befinden sich die Fettprozente mit 3,42 bzw. 3,33 (Tabelle 9) auf etwa gleicher Höhe. Der niedrigste Wert liegt in der Zwischenfruchtfutterperiode bei einer relativ weiten Relation von 1 : 3,2. Auch wenn man die Stärkewerte als Maßstab zugrunde legt, ergeben sich keine eindeutigen Beziehungen zwischen Fütterung und Fettprozent. Bei der höchsten wie auch der niedrigsten Stärkewertfütterung liegen die Fettprozente auf gleicher Höhe. Noch deutlicher wird die geringe Übereinstimmung bei einer Betrachtung der Fettprozentkurven (Darstellung III).

Nach den Durchschnittswerten der Tab. 10 (S. 22) besteht allerdings eine positive Beziehung zwischen Fettprozent einerseits und Relation sowie Stärkewert andererseits, nicht jedoch bei den Einzelwerten. Im einzelnen ergeben sich Unstimmigkeiten. Am kennzeichnendsten dürften die Augustwerte mit hohem und die Septemberwerte mit niedrigem Fettprozent sein. Beide werden erreicht bei engen Relationen, hohen Eiweiß- und bei Stärkewerten, die bei dem niedrigen Fettprozent noch höher liegen als bei dem hohen. Insgesamt bestehen keine absolut klaren Beziehungen zwischen Fütterung und Fettprozent, auch wenn man die übrigen Monate betrachtet. Die ausgeglichene Fütterung ist kein, wenigstens kein unbedingt sicheres Mittel zur Erhöhung der Fettprozente.

Darstellung III

Leistungen des Gesamt-Kuhbestandes (31 Tiere) (Kötschau 1953)

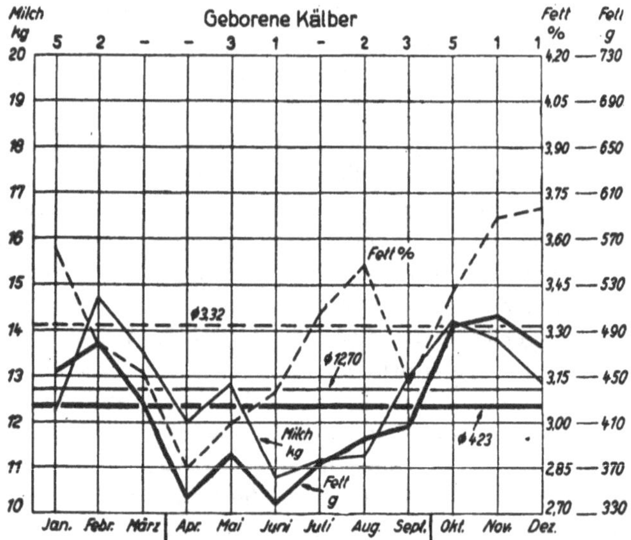

Ausreichend für kg Milch im:	Jan.	Febr.	März	Apr.	Mai	Juni	Juli	Aug.	Sept.	Okt.	Nov.	Dez.
Eiweiß	13.2	13.2	13.1	10.3	15.3	28.8	28.8	30.6	32.1	19.0	19.0	18.0
Stärkewert	8.87	8.87	6.5	11.3	5.7	7.2	7.2	8.42	15.8	15.8	15.8	21.4
Relation	3.1	3.1	2.3	4.8	1.6	1.5	1.5	1.5	2.2	3.7	3.7	5.36
	Ø 2,93			Ø 2,18						Ø 4,25		

Darstellung IV

Leistungen der Tiere mit mehr als 12 kg Milch täglich (Kötschau 1953)

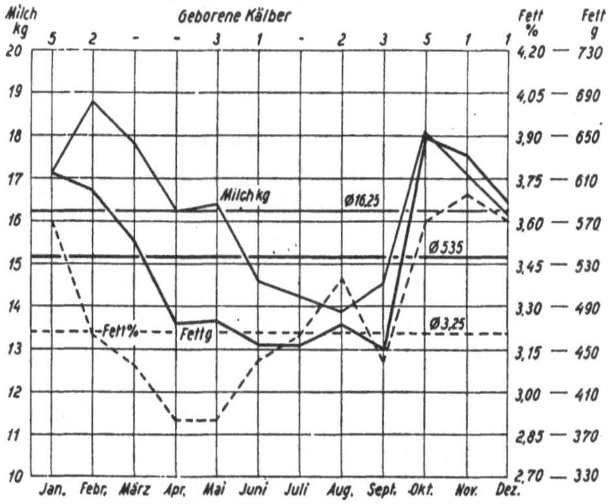

Ausreichend für kg Milch im:	Jan.	Febr.	März	Apr.	Mai	Juni	Juli	Aug.	Sept.	Okt.	Nov.	Dez.
Eiweiß	17,0	17,0	18,0	13,0	22,0	30,0	29,0	34,0	33,0	20,0	20,0	19,0
Stärkewert	11,0	11,0	11,3	16,0	8,0	11,0	11,0	16,0	20,0	18,0	18,0	22,0
Relation	2,9	2,9	2,9	5,6	1,8	1,7	1,7	2,1	2,8	4,0	4,0	5,3

Darstellung V

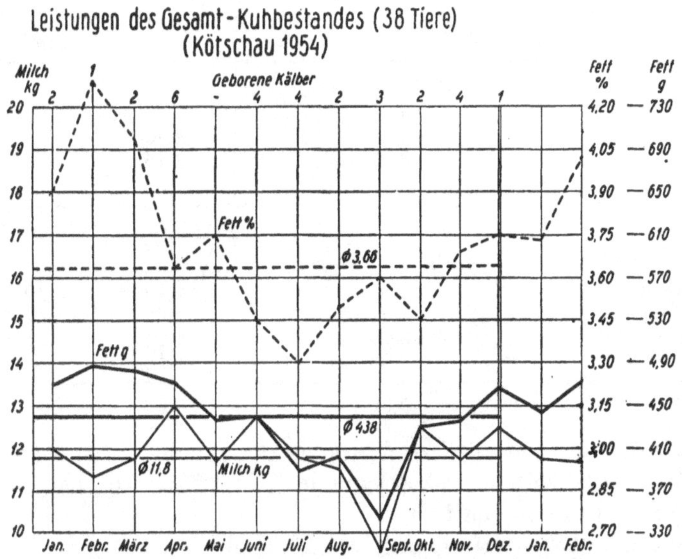

Ausreichend für kg Milch im.		Jan.	Febr.	März	Apr.	Mai	Juni	Juli	Aug.	Sept.	Okt.	Nov.	Dez.	Jan.	Febr.
	Eiweiß	16,3	18,0	18,0	17,0	18,0	31,0	31,0	35,0	35,0	17,0	18,0	16,0	18,2	18,6
	Stärkewert	13,0	17,0	17,0	14,0	17,0	14,0	15,0	18,0	18,0	15,0	20,0	15,0	16,0	18,3
	Relation	3,6	4,2	4,2	3,5	4,1	2,1	2,0	2,4	2,4	4,0	4,9	4,2	4,0	4,5

Darstellung VI

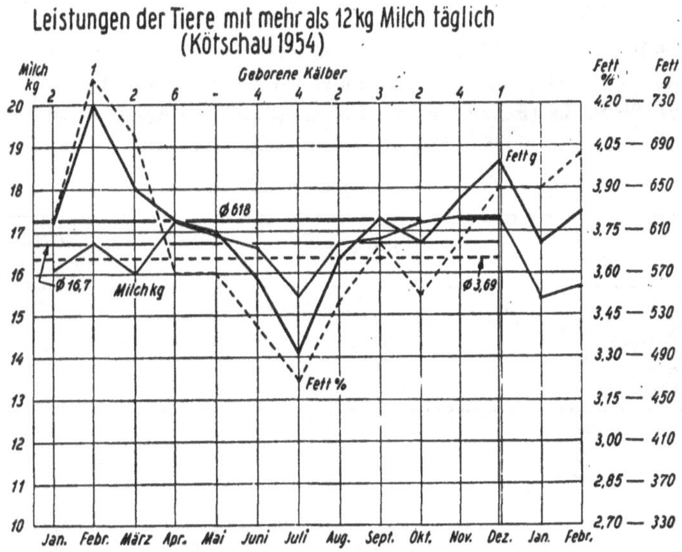

Ausreichend für kg Milch im.		Jan.	Febr.	März	Apr.	Mai	Juni	Juli	Aug.	Sept.	Okt.	Nov.	Dez.	Jan.	Febr.
	Eiweiß	21,0	21,0	22,0	20,0	19,0	31,0	32,0	36,0	26,0	18,0	19,0	18,0	21,5	21,6
	Stärkewert	17,6	20,0	21,0	17,0	18,2	16,0	15,5	20,0	20,0	16,0	22,0	17,0	19,0	21,0
	Relation	3,8	4,4	4,3	3,8	4,3	2,3	2,2	2,6	2,6	4,0	5,1	4,2	4,0	4,5

Tabelle 10

	Fett-%	Rel. 1 :	Eiweiß ausreichend	Stärkewert für kg Milch
	Höchstwerte			
Dezember	3,70	5,36	18,0	21,40
November	3,67	3,70	19,0	15,80
Januar	3,57	3,10	13,2	8,87
August	3,52	1,50	30,6	8,42
∅	3,61	3,41	20,4	13,62
	niedrigste Werte			
April	2,85	4,80	10,3	11,3
Mai	3,01	1,60	15,3	5,7
Juni	3,10	1,50	28,8	7,2
September	3,13	2,20	32,1	15,8
∅	3,02	2,50	21,6	10,0

Die Milchleistung in ihrer Beziehung zur Fütterung. Nach der Tabelle 9 ist der Stalldurchschnitt mit 13,46 kg in der Winterstallperiode am höchsten bei
a) einer Relation von 1 : 3,35
b) einer Stärkewertfütterung für 13,3 kg Milch und
c) einer Eiweißfütterung für 15,9 kg Milch.

Er ist in der Luzerneperiode mit 11,14 kg am niedrigsten bei
a) einer Relation von 1 : 1,5
b) einer Stärkewertfütterung für 7,63 kg Milch und
c) einer Eiweißfütterung für 29,4 kg Milch.

Es entscheidet die Stärkewertfütterung bei ausreichender, d. h. mäßig überschüssiger Eiweißfütterung, woraus sich eine relativ weite, dem Bereich von 4 genäherte Relation ergibt. Den Bedarf weit übertreffende Eiweißwerte sind wirkungslos. Noch deutlicher kommt die geradlinige Beziehung zwischen Fütterung und Milchleistung bei den Monatswerten zum Ausdruck:

Tabelle 11

	Milch kg	Relation 1 :	Eiweiß für kg Milch	Stärkewert für kg Milch
Höchstleistungen				
Februar	14,66	3,1	13,2	8,87
Oktober	14,23	3,7	19,0	15,80
November	13,76	3,7	19,0	15,80
∅	14,22	3,5	17,1	13,49
niedrigste Leistungen				
Juni	10,98	1,5	28,8	7,20
Juli	11,18	1,5	28,8	7,20
August	11,25	1,5	30,6	8,42
∅	11,14	1,5	29,4	7,61

Auch diese Berechnung bestätigt die vorherige Schlußfolgerung: Entscheidend ist die ausreichende Stärkewertfütterung bei mäßig überschüssigen Eiweißwerten. Der Ausdruck für die richtige Fütterung ist eine Eiweiß-Stärkewert-Relation, die sich dem Bereich von 4 nähert. Überschüssige Eiweißwerte vermögen eine unzulängliche Kohlehydratversorgung nicht zu ersetzen. Da die Fütterung das Fettprozent nicht oder doch nicht wesentlich beeinflußt, verlaufen Milch- und Fett-g-Kurve im großen und grundsätzlichen parallel.

Vergleich der 4 Kurvenbilder untereinander. Sämtliche 4 Kurven zeigen trotz unterschiedlichen Verlaufs im einzelnen zwei wesentliche Gemeinsamkeiten. S. 20 u. 21.

1. Die Kurvenhöhepunkte, also die Leistungsspitzen, liegen ausnahmslos im Januar/März und Oktober/Dezember, also außerhalb der eigentlichen Grünfütterung in der Winterfütterung, in der man den Nährstoffausgleich besser in der Hand hat. Die Relationen bewegen sich in diesen Zeiten zwischen 3 und 4, d. h. sie sind bei mäßig überschießenden Eiweißwerten relativ ausgeglichen, wenn man die theoretische Eiweiß-Stärkewert-Relation von 1 : 4,5 bzw. die nach unserer Ansicht ökonomisch optimale von 1 : 3,8 —4,2 als Maßstab zugrunde legt.

2. Die Kurventiefstwerte liegen überall im April/September, also in der Zeit der Grünfütterung, in der die Relation etwas unter 2, 1953 bis 1,5, zurückgeht, also bei überschüssigen Eiweißwerten und unzulänglicher Kohlenhydratversorgung.

Von Interesse und praktisch richtungsweisend ist der Vergleich der beiden Jahre: Im Jahre 1953 verläuft die Kurve unruhig mit scharf hervortretenden Höhepunkten und Niedrigstwerten, 1954 ruhiger, stetiger und flacher. Das ist zweifellos darauf zurückzuführen, daß diese entscheidenden Erkenntnisse erst im Futterbau 1953 und in der Fütterung 1954 stärker, im Oktober/Dezember 1954 dann bis zum völligen Ausgleich der Eiweiß-Stärkewert-Relation, beachtet wurden. Außer der größeren Ausgeglichenheit im Gesamtkurvenverlauf treten im Vergleich von 53 und 54 noch zwei weitere Unterschiede hervor:

1. Der erste ist die Ursache für den stetigeren Kurvenverlauf im Jahre 1954, nämlich die während des gesamten Futterjahres ungleich höheren, stets ausreichenden, überwiegend den Bedarf sogar übersteigenden Stärkewerte, so daß sich auch trotz überschüssiger Eiweißwerte relativ weite Relationen ergeben. Unterschreitungen von 1:2 kommen 1954 überhaupt nicht mehr vor, während sich 1953 die Relationen zeitweise auf 1 : 1,5 verengen. Insgesamt gestaltete sich infolge planvolleren, stärker auf die Bedürfnisse des Stalles ausgerichteten Futterbaues die Fütterung im Jahre 1954 reichlicher und vor allem ausgeglichener als 1953. Demzufolge sind

2. 1954 auch höhere Leistungen zu verzeichnen. Diese sind jedoch nicht ausschließlich auf die insgesamt reichere und ausgeglichenere Fütterung zurückzuführen, sondern auch darauf, daß im Rahmen der Tbc-Freimachung im Spätherbst 1953 9 Kühe mit höheren Fettprozenten aus anderen Ställen, die tuberkulosefrei gemacht werden sollten, eingestellt wurden. Der Einfluß dieser Tiere tritt vor allem in den Fettprozentlinien hervor, besonders beim Vergleich der Darstellungen III und V. Trotz geringerer Milchmenge wurde durch die höheren Fett-

prozente eine höhere Fett-g-Leistung erreicht. Der Durchschnittsfettgehalt beträgt in der Gesamtherde 1953 : 3,32; bei den Tieren über 12 kg Milch 1953: 3,25; 1954: 3,66; bei den Tieren über 12 kg Milch 1954: 3,69.

Nachstehend soll nochmals die Leistungsdifferenz 1953 und 1954 bei den Tieren über 12 kg (Darstellung IV gegen VI) in Zahlenwerten zum Ausdruck gebracht werden:

Tabelle 12 a

	1953						1954					
	Fütterung Ausreichend f. Liter Milch			Leistung			Fütterung Ausreichend f. Liter Milch			Leistung		
	Eiweiß	Stärkewert	Rel. 1 :	Milch kg	Fett %	Fett g	Eiweiß	Stärkewert	Rel. 1 :	Milch kg	Fett %	Fett g
Jan./März u. Sept./Dez. Winterperiode	20,6	15,9	3,54	17,08	3,41	584	20,71	19,1	4,06	16,93	3,85	649
April/Mai Winterzwischenfrucht	17,5	12,0	3,70	16,35	2,90	474	19,50	17,6	4,05	17,10	3,60	616
Juni/August Luzernefütterung	31,0	12,7	1,83	14,20	3,23	462	33,00	17,2	2,37	16,26	3,36	547

Aus den Tabellenwerten geht im Vergleich der beiden Jahre folgendes hervor:

1. Die Leistungen waren 1954 höher, und zwar — periodenweise — in der
   Winterfütterung um — 0,15 kg Milch, 0,44 Fett-% und 65 g Fett
   Winterzwischenfruchtfütterung um 0,75 kg Milch, 0,70 Fett-% und 142 g Fett
   Luzernefütterung um 2,06 kg Milch, 0,13 Fett-% und 85 g Fett.

Die Mehrleistungen im Jahre 1954 gegenüber 1953 sind erheblich. Sie lassen sich zurückführen auf die 9 im Winter 1953/54 eingestellten Kühe, deren höhere erbliche Veranlagung das durchschnittliche Fettprozent der Herde erhöhte. Die höhere Leistung ist aber keineswegs ausschließlich Verdienst dieser Tiere. Sie hat 2. in der Hauptsache ihre Ursache in der reichlicheren, vor allem in der im Eiweiß-Stärkewert-Verhältnis besser ausbalancierten Fütterung. 1954 wurde mehr gefüttert, und die Ration erweiterte sich in bezug auf

Tabelle 12b

	Eiweiß	Stärkewert	Relation
	um		(Erweiterung um)
Winterfütterung	0,11 kg	3,2 kg	0,52
Fütterung der Winterzwischenfrucht	2,00 kg	5,6 kg	0,35
Luzernefütterung	2,00 kg	4,5 kg	0,54

Die Steigerung der Eiweißfütterung ist nicht erheblich. Entscheidend für die höhere Leistung ist die erhöhte Stärkewertfütterung, wodurch sich eine bedeutsame Erweiterung der Relationen – in den beiden ersten Perioden auf rund 4, also die optimale Beziehung – ergibt. Die Milch- und Fett-g-Leistung (Tabelle 12a) folgt ziemlich genau den Stärkewerten, während sie von der über den Bedarf hinaus gesteigerten Eiweißfütterung nicht abhängt. Einfacher kann man den Anteil der Fütterung an der Leistung nachweisen, wenn man die Leistungen der neu aufgenommenen Kühe in ihren alten Ställen mit denen in Kötschau vergleicht.

Tabelle 13

Jahresmehrleistungen dieser Kühe in Kötschau (Vergleich von 1954 gegen 1953)

		Milch kg	Fett-%	Fett-kg
Remderoda	Jette	– 2	0,28	12
	Olive	424	0,88	55
	Gabriele	1184	1,02	88
	Nelke	– 291	0,27	– 2
	Prinzessin	551	– 0,15	16
Zwätzen	Base	603	– 0,12	8,4
	Dora II	– 1577	0,03	– 61
	Jiljette	316	– 0,03	24
	Dicke	312	0,29	26

Bis auf 2 Kühe, Nelke und vor allem Dora II, erbrachten alle anderen höhere Milch- und Fettleistungen. Die Minderleistung der Dora II erklärt sich daraus, daß sie nach dem Abkalben längere Zeit nicht trächtig wurde, so daß ungefähr 5 Laktationsmonate verlorengingen. Schaltet man berechtigterweise die Dora II aus, dann beträgt die durchschnittliche Jahresmehrleistung der neu hinzugekommenen Tiere je Tier 387 kg Milch und 28,4 kg Fett. Aber auch die alten Kötschauer Tiere erzielten im Jahre 1954 gegenüber 1953 höhere Leistungen. Im Durchschnitt aller Kühe, der alten und der neu hinzugekommenen, waren die Leistungen

	1953 (31 Tiere)			1954 (38 Tiere)		
	Milch kg/Tag	Fett %	Fett g/Tag	Milch kg/Tag	Fett %	Fett g/Tag
Gesamtbestand	12,70	3,32	432	11,8	3,66	438
Tiere über 12 kg	16,25	3,25	535	16,7	3,69	618

Die mit der verbesserten Fütterung steigende Leistung geht auch aus den folgenden Daten aus dem Kuhstall hervor (Tabelle 14).

In der besseren, vor allem ausgeglicheneren Fütterung liegen noch erhebliche Reserven, und die Futterversorgung ist ein bedeutsamerer Minimumfaktor der tierischen Leistung als das erblich hochwertige Tier, d. h. das in unseren Tieren liegende Leistungspotential wird noch nicht im entferntesten ausgeschöpft.

Tabelle 14

Jahresleistung je Kuh	Kuhzahl	Gesamte ermolkene Milch kg	LNF ha	Ermolkene Milch/ha kg
1952 3838 kg Milch 3,26% Fett 125 kg Fett	25,5	94604	108	867
1953 4253 kg Milch 3,34% Fett 142 kg Fett	24,7	101316	108	930
1954 4303 kg Milch 3,71% Fett 160 kg Fett	35,2	151097	113	1337

Der Einfluß der Abkalbetermine auf die Leistung. Man wird mit Recht die Frage danach stellen. Auf den Darstellungen sind die Abkalbungen unter „Geborene Kälber“ verzeichnet, und zwar so, daß entsprechend dem Kontrolldatum – immer etwa der 20. jeden Monats – die Leistung der frischmelkenden Kühe noch in dem Monat zum Ausdruck kam, in dem sie eingetragen wurde. Wenn eine Kuh in den letzten Monatstagen kalbte, wurde also ihr Kalbetermin erst für den nächsten Monat registriert. Im Jahre 1953 erscheint der Einfluß der Abkalbetermine auf die Milchkurve erheblich. Im Januar/Februar und im September/Dezember fallen 7 bzw. 10 Kälber. Das sind auch die Zeiten mit den Spitzenleistungen in der Milch. Die niedrigsten Werte liegen in der Zeit vom März bis August, die gleichzeitig auch die geringste Geburtenzahl aufweist. Auch im einzelnen macht sich der Einfluß der Abkalbehäufigkeit in kleineren Milchanstiegen dieser Periode bemerkbar, so im Mai und dann wieder im September. Ein anderes, wenn auch nicht gerade gegensätzliches Bild vermittelt die Beziehung Abkalbehäufigkeit – Milchleistung im Jahre 1954. An sich sind schon 1954 die „geborenen Kälber“ gleichmäßiger über das Jahr verteilt. Die 1954 deutlichen Milchanstiege in den Monaten mit Abkalbeanhäufungen werden hier weniger scharf gekennzeichnet. Anstiegen, so im April und Juni, stehen auch Abstiege gegenüber, so im September und November. Vor allem aber vermag die große Zahl der frischmelkenden Kühe im April, Juni und Juli den starken Milchabfall in der Grünfutterzeit Juni/September nicht aufzuhalten. Die Milchleistung steigt erst wieder im Oktober mit relativ wenigen Kälbergeburten, aber erweiterter Eiweiß-Stärkewert-Relation. Im Jahre 1954 wurde gegenüber 1953 insgesamt in weiteren Relationen, d. h. bei zwar mehr oder weniger überschüssigem Eiweiß, aber mit stets ausreichenden Stärkewerten gefüttert. Man darf, besonders wenn man auch die starke Abbremsung der Laktation im Kötschauer Stall (Tabelle 8) berücksichtigt, der ausgeglichenen Fütterung den unbedingt übergeordneten Einfluß auf den Kurvenverlauf beimessen. Im übrigen braucht man sich um diese Beweisführung gar nicht so sehr zu bemühen. Auf den Darstellungen IV und VI sind die Leistungen nur frischmelkender Kühe eingetragen, und hier, besonders 1954, verlaufen die Leistungskurven, vor allem in der Milch, in weitgehender Unabhängigkeit von den Abkalbeziffern nach dem Grade der Ausgeglichenheit in der Fütterung. Die Abkalbehäufigkeit übt im Extrem zweifellos einen spürbaren Einfluß auf den Verlauf der Milchkurve aus. Mit der in Eiweiß und Stärkewert ausbalancierten Fütterung kann man

Darstellung VII

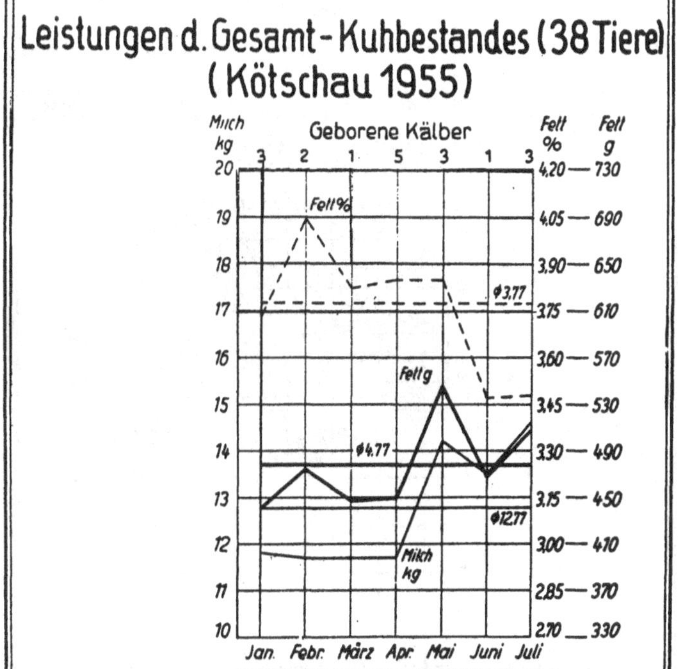

		Jan.	Febr.	März	Apr.	Mai	Juni	Juli
Ausreichend für kg Milch im:	Eiweiß	18.2	18.6	18.4	20.9	32.1	30.9	30.9
	Stärkewert	16.0	18.3	15.8	15.3	24.1	15.9	15.9
	Relation	4.0	4.5	3.8	3.3	3.3	2.2	2.2

ihn aber ändern und damit auch die ernährungswirtschaftlich so störenden Milchschwankungen weitgehend ausgleichen.

Fortsetzung der Feststellungen im Jahre 1955. Einen schönen und überzeugenden Beweis für die Richtigkeit der dargelegten Grundsätze bietet die Fortsetzung unserer Feststellungen im Jahre 1955 (Darstellungen VII und VIII).

Die Kurve der ersten 7 Monate zeigt einen völlig anderen Verlauf als die der beiden Vorjahre. Im Januar/April mit durchschnittlich 11,6 kg Milch etwa gleichlaufend, steigt sie im krassen Gegensatz zu den beiden Vorjahren im Mai auf 14,3, um nach einem kleinen Juniabstieg auf 13,5 im Juli einen Höchststand von 14,7 kg zu erreichen. Zu den Zeitpunkten, in denen im Vorjahr die niedrigsten Werte zu erkennen sind, zeichnen sich also im Jahre 1955 die höchsten ab. Der Grund dafür ist aus den Werten der Fütterung auf der Ordinate, besonders aus den Stärkewerten, eindeutig ersichtlich: bei mäßig überschüssigem Eiweiß sehr starke Stärkewertfütterung, so daß sich Relationen im optimalen Bereich ergeben. Zweifellos sind an dem Kurvenhöhepunkt im Mai die 8 Abkalbungen im April/Mai beteiligt, jedoch nicht so stark wie die Fütterung; denn im Juni, in dem diese Kalbehäufigkeit

Darstellung VIII

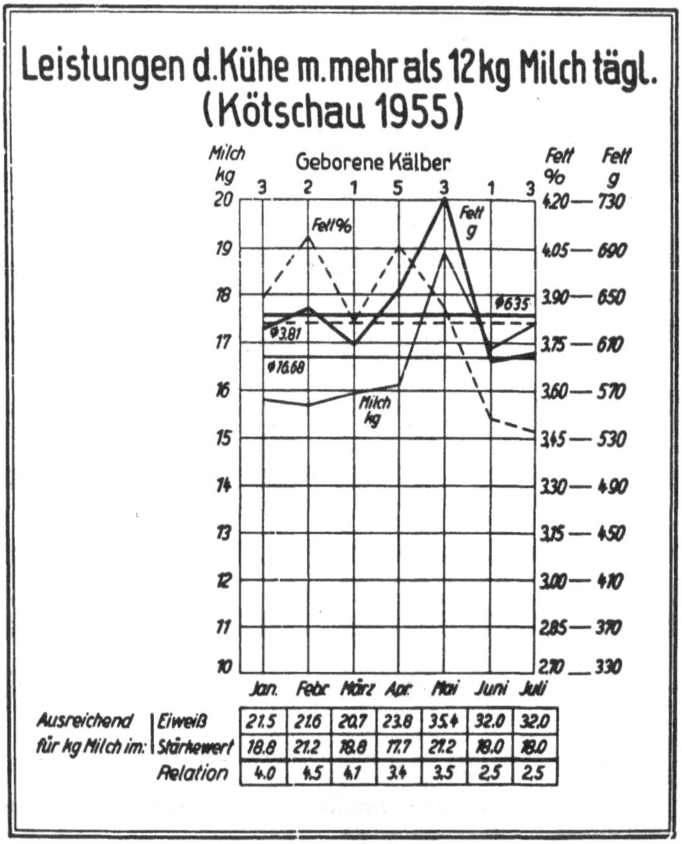

zweifellos noch stark mitwirkte, geht die Leistung mit nachlassender Stärkewertfütterung wieder etwas zurück. Der gegensätzliche Verlauf der Milch- und der Fettprozentkurve zeigt hier die Gegensätzlichkeit von Milchmenge und Fettprozent besonders deutlich. Der Kurvenverlauf bei den höher leistenden Tieren (Darstellung VIII) ist nicht nur völlig parallel, er kennzeichnet die Beziehung der Fütterung, besonders der Stärkewertfütterung zur Leistung noch besser. Ein Vergleich der Monate Januar/Juli aus den 3 Jahren zeigt in Fütterung und Leistung folgendes Zahlenbild:

		Fütterung Ausreichend für kg Milch			Leistung		
		Eiweiß	Stärke-wert	Relation 1 :	Milch kg	Fett %	Fett g/Tag
				Gesamtherde			
Jan./Juli	1953	17,5	7,95	2,56	12,47	3,19	399
	1954	21,3	15,30	3,38	12,02	3,78	453
	1955	24,3	17,30	3,33	12,77	3,77	477
				höher leistende Tiere			
Jan./Juli	1953	20,86	11,32	2,78	16,46	3,14	518
	1954	23,71	17,90	3,58	16,46	3,31	613
	1955	26,83	19,96	3,50	16,68	3,81	635

Auch die Eiweißfütterung wurde 1954 und 1955 verstärkt, aber nicht sehr wesentlich. Eine erhebliche Steigerung, besonders im Vergleich der Jahre 1953 und 1954, erfuhr aber die Stärkewertfütterung. Sie dürfte die Ursache für die sprunghafte Zunahme der Fett-g/Tag-Leistung 1953/1954 sein, die sich 1955 noch weiter erhöhte.

Im Vergleich der Jahre 1954 und 1955 — gleiche Herde — ist diese Zunahme bei der Gesamtherde ausschließlich auf die Steigerung der Milchergiebigkeit, bei den höher leistenden Tieren auf die Erhöhung von Milch und Fettprozent zurückzuführen. Sehr im Gegensatz zu unseren Versuchen, bei denen die ausbalancierte Fütterung auf das Fettprozent unberechenbar reagierte und nur die Milch steigerte, vermittelt die obige jahrgangsweise Zusammenstellung den Eindruck, daß die vermehrte Stärkewertfütterung Milch und Fettprozent erhöht.

Zusammenfassend und abschließend beweist die Fortsetzung der Versuche im Jahre 1955, Zahlenwerte und Leistungskurve, noch einmal die entscheidende Bedeutung der Stärkewertfütterung.

Besonders überzeugend zeigt der Kurvenlauf für Milch und Fett von 1955 zur Zeit der Grünfütterung dort Höchstwerte, wo in den Jahren 1953 und 1954 die niedrigsten Werte zu beobachten sind.

II. Die Einrichtung der Futterwirtschaft bzw. das Eiweiß-Stärkewert-Verhältnis in der breiten Praxis und seine Korrektur sowie die weiteren Fragen des mengen- und flächenmäßigen Bedarfs an den einzelnen Futterarten und dessen Korrektur

II. Die Einrichtung der Futterwirtschaft bzw. das Eiweiß-Stärkewert-Verhältnis in der breiten Praxis und seine Korrektur sowie die weiteren Fragen des mengen- und flächenmäßigen Bedarfs an den einzelnen Futterarten und dessen Korrektur

Die nördlichen und nordöstlichen Bezirke der Deutschen Demokratischen Republik, die Gebiete der diluvialen Sande und damit der Lupine und Serradella, mögen aus der Erörterung ausscheiden. Dann gliedern sich die mitteldeutschen Bezirke allgemein-futterbaulich in zwei grundsätzlich unterschiedliche Großräume:

1. das Dauergrünland-Rotklee-Futterrüben-Gebiet der Übergangs- und Grenzlagen, meist höhere Bezirke und solche mit mittelwertigen Böden,

2. das Luzerne-Zuckerrüben-Gebiet in den Ebenen sowie in den Täler- und Hügellandschaften.

Das Futterjahr unterteilt sich in seinem Ablauf in die Winter- und die Sommerstallfütterung. Nach neuzeitlichem Bestreben soll die Winterstallfütterung auf 165 Tage — etwa vom 12. November bis 25. April — zusammengedrängt werden. Die Sommerstallfütterung muß sich demgemäß mindestens auf 200 Tage — etwa vom 26. April bis 11. November — ausdehnen. Eine noch stärkere Erweiterung des Zeitverhältnisses ist möglich und erstrebenswert, besonders im Langsommerbezirk.

Die Futterrationen und ihre Korrektur nach der Eiweiß-Stärkewert-Beziehung

Die Futterfrage ist überall vordringlich, aber überall anders gelagert. Ihre Lösung muß daher von Bezirk zu Bezirk, manchmal sogar von Betrieb zu Betrieb unterschiedlich angepackt werden.

Das Grünlandgebiet

Unter der Voraussetzung eines leistungsfähigen Futterbaues sieht hier eine Tagesration in der

Winterstallfütterung

oft so aus:

Tabelle 15

	Eiweiß		Stärkewerte		Ballast	
	‰	g	‰	g	‰	g
6 kg Wiesenheu	65	390	300	1800	305	1830
25 kg Futterrüben	8	200	78	1950	15	375
4 kg Futterstroh	13	52	170	680	400	1600
Gesamtnährstoffe		642		4430		3805
Erhaltungsbedarf		330		3300		4300
Milcherzeugungswerte		312		1130		—495
Relation		1		3,6		
Ausreichend für 1 Milch		6		4		

Die Errechnung der Nährstoffe erfolgt nach Professor RICHTER [1]. Die Ration reicht für eine mittlere Milchleistung von 12 bis 14 l weder im Hinblick auf das Eiweiß noch bezüglich der Stärkewerte aus. Bei Zufütterung von 15 kg Eiweißgärfutter — Erbsen-Wicken-Gemenge — und Ermäßigung auf 3 kg Futterstroh ergibt sich

	Eiweiß		Stärkewerte		Ballast	
	‰	g	‰	g	‰	g
Winterliches Grundfutter		299		960		3405
15 kg Eiweißgärfutter	30	450	59	885	60	900
Milcherzeugungswerte		749		1845		4305
Relation		1		2,5		
Ausreichend für 1 Milch		14		7		

Bei ausreichender Eiweißversorgung wird die Milchleistung jetzt durch die Stärkewerte begrenzt. Man müßte für 12 Liter etwa so füttern:

	Eiweiß		Stärkewerte		Ballast	
	‰	g	‰	g	‰	g
6 kg Wiesenheu		390		1800		1830
25 kg Futterrüben		200		1950		375
10 kg Eiweiß-Gärfutter	30	300	59	590	60	600
12,5 kg Maissilage	12	150	119	1487	45	562
2 kg Weizenspreu	14	28	190	380	490	980
Gesamtnährstoffe		1068		6207		4347
Erhaltungsbedarf		330		3300		4300
Milcherzeugungswerte		738		2907		
Relation		1		3,9		
Ausreichend für 1 Mich		13		12		

Die Ergänzung durch 12,5 kg Maissilage ermöglicht nunmehr bei gut ausgeglichener Eiweiß-Stärkewert-Beziehung mittlere Leistungen von 12 bis 13 l. Für höhere ist auf dieser Grundration aufzubauen. Die Zufütterung von 1 kg Gersten- und 1 kg Haferschrot reicht für etwa 16 l. Bei sehr hohen Leistungen frischmelkender Kühe muß man die voluminösen und ballastreichen Futtermittel — Heu, Rüben, Silage, Spreu — vermindern und mehr Eiweiß- und Stärkewertkonzentrate einsetzen. Die folgende Ration aus 9 Futtermitteln reicht für 25 l: 3 kg Wiesenheu, 20 kg Futterrüben, 10 kg Eiweißsilage, 10 kg Maissilage, 2 kg Gerstenschrot, 1 kg Haferschrot, 2 kg Rapskuchen, 2 kg Trockenschnitzel, 1 kg Maisschrot.

Im Winterstall des Grünlandbezirkes bestehen nebeneinander ein Eiweiß- und ein Kohlehydratproblem. Ausgeglichene Grundrationen für mittlere Leistungen erfordern zusätzlich Eiweiß- und Kohlehydratfutter. Zwischenfruchtgebautes Erbsen-Wicken-Gemenge und Zweitfrucht-Silomais sind unentbehrlich und als Ergänzung des dortigen Hauptfruchtfutterbaues integrierende Bestandteile der Futterwirtschaft.

Sommerstallfütterung

Unterstellt man die ebenso grundfalsche wie meist übliche reine oder doch überwiegende Grünfütterung mit Rotklee oder einem anderen im Gehalt ähnlichen Grünfutter, dann ergibt sich folgende Tagesration:

Tabelle 16

	Eiweiß		Stärkewerte		Ballast	
	‰	g	‰	g	‰	g
50 kg Rotklee	23	1150	106	5300	60	3000
Gesamtnährstoffe		1150		5300		3000
Erhaltungsbedarf		330		3300		4300
Milcherzeugungswerte		820		2000		—1300
Relation		1		2,4		
Ausreichend für l Milch		15		8		

Bei reiner Rotkleefütterung findet unter starker Eiweißvergeudung die Milchleistung ihre Begrenzung durch die unzulängliche Menge an Stärkewerten. Bloße Strohzufütterung reicht nicht aus. Bei noch jüngerem Rotklee ist das Mißverhältnis noch krasser. Der Rotklee bedarf der Ergänzung durch Stärkewerte und Ballastträger, etwa so:

	Eiweiß		Stärkewerte		Ballast	
	‰	g	‰	g	‰	g
35 kg Rotklee		805		3710		2100
15 kg Maissilage	12	180	119	1785	45	675
1 kg Kartoffelflocken	46	46	692	692	115	115
4 kg Futterstroh	13	52	170	680	400	1600
Gesamtnährstoffe		1083		6867		4490
Erhaltungsbedarf		330		3300		4300
Milcherzeugungswerte		753		3567		
Relation		1		4,7		
Ausreichend für l Milch		14		14		

Die Relation ist etwas zu weit. Man sollte sie durch Erhöhung des Rotklees auf 40 kg und mäßige Herabsetzung der Stärkewertträger auf etwa 1:4 verengern. 20-Liter-Kühe müssen unter Beibehaltung obiger Ration, aber Herabsetzung der Strohgabe auf 2 kg, noch zusätzlich je 1 kg Gerstenschrot, Haferschrot und Rapskuchen erhalten.

Der Minimumfaktor der tierischen Leistung während der Rotkleefütterung sind sowohl bei mittlerer als auch höherer Leistung die 15 kg Maissilage. Eiweißgärfutter benötigt der Sommerstall — im Gegensatz zum Winterstall — nicht.

Das Luzerne-Zuckerrüben-Gebiet

Eine Tagesration sieht hier bei

Winterstallfütterung

durchschnittlich etwa so aus:

Tabelle 17

	Eiweiß		Stärkewerte		Ballast	
	‰	g	‰	g	‰	g
5 kg Luzerneheu	107	535	276	1380	340	1700
25 kg Futterrüben	8	200	78	1950	15	375
15 kg Blattsilage	17	255	86	1290	35	525
4 kg Futterstroh	13	52	170	680	400	1600
Gesamtnährstoffe		1042		5300		4200
Erhaltungsbedarf		330		3300		4300
Milcherzeugungswerte		712		2000		
Relation		1		2,8		
Ausreichend für 1 Milch		13		8		

In dem sehr engen Eiweiß-Stärkewert-Verhältnis kommt das bekannte Kohlehydratproblem der Rüben-Luzerne-Wirtschaft zum Ausdruck. Für mittlere Leistungen muß man etwa so füttern:

	Eiweiß		Stärkewerte		Ballast	
	‰	g	‰	g	‰	g
5 kg Luzerneheu		535		1380		1700
25 kg Futterrüben		200		1950		375
10 kg Blattsilage		170		860		350
10 kg Maissilage	12	120	119	1190	45	450
1 kg Trockenschnitzel	45	45	520	520	190	190
4 kg Futterstroh		52		680		1600
Gesamtnährstoffe		1122		6580		4665
Erhaltungsbedarf		330		3300		4300
Milcherzeugungswerte		792		3280		
Relation		1		4,1		
Ausreichend für 1 Milch		14		13		

Die landschaftsgegebenen Grundfuttermittel, Luzerneheu und Rübengärblatt, bringen bei ihrem engen Eiweiß-Stärkewert-Verhältnis 1 : 2 bzw. 1 : 5 erhebliche Eiweißüberschüsse in die winterliche Ration. Mit Hilfe von Maissilage und Trockenschnitzeln ist das dadurch entstehende Kohlehydratproblem zu lösen. Das gilt besonders für höhere Leistungen. Bei reduzierten Mengen von voluminösem und ballastreichem Futter sind dann Kraftfutterzulagen erforderlich, für 22 l etwa so: 4 kg Luzerneheu, 20 kg Futterrüben, 7,5 kg Gärblatt, 12,5 kg Maissilage, 1,5 kg Trockenschnitzel, 1 kg Maisschrot, 1 kg Gerstenschrot, 2 kg Haferschrot, 1 kg Rapskuchen, 2 kg Weizenspreu.

Der eiweißschaffende Zwischenfruchtbau, das Erbsen-Wicken-Gemenge, ist im Gegensatz zum Grünlandgebiet entbehrlich, da das Rübengärblatt vollwertig für ihn eintritt. Unentbehrlich aber sind Trockenschnitzel und der kohlehydratliefernde Silomaisbau.

Sommerstallfütterung

Die übliche reine oder überwiegende Luzernefütterung ergibt:

Tabelle 18

	Eiweiß		Stärkewerte		Ballast	
	‰	g	‰	g	‰	g
50 kg Luzerne	24	1200	97	4850	90	4500
Gesamtnährstoffe		1200		4850		4500
Erhaltungsbedarf		330		3300		4300
Milcherzeugungswerte		870		1550		
Relation		1		1,8		
Ausreichend für 1 Milch		16		6		

Auch die Zufütterung von 3 kg Stroh und 2 kg Trockenschnitzeln vermag die starke Eiweißspitze nicht zu brechen. Bei einem Ballastüberschuß von 1780 g würde sich die Ration so erhöhen, daß der Eiweißanteil für die Erzeugung von 18 l Milch, die Stärkewerte für 12 l ausreichen. In obiger Berechnung ist ältere Luzerne zugrunde gelegt. Bei junger Luzerne wird das Mißverhältnis noch viel größer. Ein Ausgleich läßt sich erst erzielen, wenn man die Luzernegabe wesentlich herabsetzt und bei starker Betonung von Stärkewertträgern vielseitig füttert:

	Eiweiß		Stärkewerte		Ballast	
	‰	g	‰	g	‰	g
35 kg Luzerne		840		3395		3150
15 kg Maisslilage	12	180	119	1785	45	675
2 kg Trockenschnitzel	45	90	520	1040	190	380
2 kg Futterstroh	13	26	170	340	400	800
Gesamtnährstoffe		1136		6560		5005
Erhaltungsbedarf		330		3300		4300
Milcherzeugungswerte		806		3260		
Relation		1		4		
Ausreichend für 1 Milch		15		13		

Für höhere Leistungen sind unter Beibehaltung der starken Kohlehydratergänzung Kraftfuttergaben erforderlich. Eine 23-Liter-Kuh müßte etwa so gefüttert werden: 30 kg Luzerne, 15 kg Maissilage, 2 kg Trockenschnitzel, 1 kg Gerstenschrot, 2 kg Haferschrot, 1 kg Rapskuchen, 1 kg Maisschrot.

Auch der Sommerstall des Luzernebezirkes steht besonders unter dem Druck der Kohlehydratnot, und der kohlehydratschaffende Zwischenfruchtbau ist unbedingt notwendig.

Zusammenfassend läßt sich die Situation in den beiden Futterbaugebieten etwa so darstellen:

Im Grünlandgebiet besteht während der Winterstallfütterung primär ein Eiweißproblem. Löst man dieses durch den eiweißschaffenden Zwischenfruchtbau, dann gerät man sekundär und zwangsläufig in Kohlehydratnot. Im Winterstall gibt es daher gleichzeitig ein Eiweiß- und ein Kohlehydratproblem. Im Sommerstall herrscht dauernd und ausschließlich Kohlehydratmangel. Es sind erforderlich: für den Winter Erbsen-Wicken-Gemenge und Silomais, für den Sommer ausschließlich Silomais. Erbsen-Wicken-Gemenge und Silomais stellen hier integrierende Bestandteile des Gesamtfutterbaues dar.

Im Luzerne-Rüben-Bezirk sind während des ganzen Futterjahres, im Winter und im Sommer, die Stärkewerte die begrenzenden Minimumfaktoren. Der Luzernebezirk bedarf des Erbsen-Wicken-Gemenges nicht unbedingt. Aber die kohlehydratschaffenden Zwischenfrüchte bilden die Voraussetzung für hohe Leistungen im Milchviehstall. Diese Feststellungen gelten nur für einen in seiner Gesamtheit geordneten Futterbau. Eine Wirtschaft, die nicht über voll leistende Rotklee- und Luzerneflächen verfügt, leidet an allem Mangel, auch an Eiweiß. Ihr würde auch die Kohlehydratschaffung nichts nützen.

Der Hauptfruchtfutterbau ist in seinen Hauptträgern landschaftsgegeben und unveränderbar: im Grünlandbezirk Wiesenheu und Rotklee, im Luzernegebiet Luzerneheu, grüne Luzerne und Gärblatt. Der Zwischenfruchtbau dagegen ist infolge der Vielseitigkeit und Anpassungsfähigkeit seiner Pflanzen wandlungsfähig. Er stellt die heute unentbehrliche Ergänzung des Hauptfruchtfutterbaues dar, keineswegs allein quantitativ, sondern vor allem auch qualitativ. Hauptfruchtfutterbau und Zwischenfruchtbau sind eine Einheit, beide machen die Futterwirtschaft des Betriebes aus. In dieser muß der Zwischenfruchtbau diejenigen Nährstoffe — Eiweiß oder Kohlehydrate — liefern, die der landschaftsgebundene Hauptfruchtfutterbau nur unzureichend zur Verfügung stellt und die dadurch zu Minimumfaktoren der tierischen Leistung werden. Allgemeingültig und besonders für das Rüben-Luzerne-Gebiet zutreffend kann man sagen: Ordnung und volle Leistung im Hauptfruchtfutterbau führen zwangsläufig zur Kohlehydratnot.

Der mengen- und flächenmäßige Bedarf an den einzelnen Futterarten

Der Bedarf — rechnerisch genau

Nach den vorher errechneten ausgeglichenen Rationen stellt sich der Bedarf je RVE etwa so:

Grünlandgebiet während der 165 Tage der Winterstallfütterung

Tabelle 19

	Mengenbedarf		Flächenbedarf bei ∅ ha-Ertrag		Behälterraum[1])
	Tag kg	165 Tage dz	dz	a	m³
Wiesenheu	6	10	60	17	—
Fütterrüben	25	40	600	7	—
Hülsenfruchtgemenge	10	16	190	8	2
Silomais	12,5	20	350	6	2,7
Weizenspreu bzw. Futterstroh	2	4	—	—	—

[1]) bei 7,5 dz Fassungsvermögen je m³.

Grünlandgebiet während der 200 Tage der Sommerstallfütterung

	Mengenbedarf		Flächenbedarf bei Ø ha-Ertrag		Behälterraum
	Tag kg	200 Tage dz	dz	a	m³
Rotklee[1]	35	40	250	16	—
Maissilage	15	30	350	8	4
Kartoffelflocken	1	2 dz Flocken bzw. 12 dz Frischkartoffeln	200[2]	6	—
Futterstroh	4	8	—	—	—

Grünlandgebiet während des Futterjahres — Gesamtbedarf

Hauptfruchtfutter			Zwischen- bzw. Zweitfruchtfutter			
	dz	a		dz	a	Siloraum m³
Wiesenheu	10	17	Hülsenfruchtgemenge	16	8	2
Rotklee	40	16	Maissilage	50	14	6,7
Futterrüben	40	7	(Futterstroh	12	—)	
Kartoffeln (Flocken)	2	6				

Luzernegebiet während der 165 Tage der Winterstallfütterung

Es werden je Milchkuh benötigt:

Tabelle 20

	Mengenbedarf		Flächenbedarf bei Ø ha/Ertrag		Behälterraum
	Tag kg	165 Tage dz	dz	a	m³
Luzerneheu	5	9	80	11	—
Futterrüben	25	40	600	7	—
Blattsilage	10	16	—	—	2
Maissilage	10	16	350	4,5	2
Trockenschnitzel	1	1,6	—	—	—
Futterstroh	4	7	—	—	—

---

[1]) Von den 200 Tagen der Sommerstallfütterung vom 26. 4. bis 11. 11. ist der Rotklee nur vom 1. 6. bis 15. 9., also an 107 Tagen, lieferbereit. Für die restlichen 93 Tage muß sich der Landwirt im Grünlandbezirk andere Grünfutterquellen suchen, so daß sich etwa folgende zeitliche Aufteilung der Grünfütterung ergibt:

26. 4. bis 31. 5. = 36 Tage Winterzwischenfrucht,
1. 6. bis 15. 9. = 107 Tage Rotklee,
16. 9. bis 11. 11. = 57 Tage anderes jahreszeitlich anfallendes Grünfutter: Sommerzwischenfrucht, Untersaaten, Futterrübenblatt, Markstammkohl u. a.

[2]) Die Herstellung von 1 dz Kartoffelflocken beansprucht durchschnittlich 6 dz Frischkartoffeln.

Luzernegebiet während der 200 Tage der Sommerstallfütterung

	Mengenbedarf		Flächenbedarf bei ∅ ha/Ertrag		Behälterraum
	Tag kg	200 Tage dz	dz	a	m³
Luzerne[1])	35	40	400	10	—
Maissilage	15	30	350	8	4
Trockenschnitzel	2	4	—	—	—
Futterstroh	2	4	—	—	—

Luzernegebiet während des Futterjahres — Gesamtbedarf

Je Milchkuh sind im gesamten Jahre erforderlich:

Hauptfruchtfutter	dz	a	Zwischenfrucht-, Zweitfrucht- bzw. Zusatzfutter	dz	a	Siloraum m³
Luzerneheu	9	11	Blattsilage	16	—	2
Luzerne, grün	40	10	Maissilage	46	12,5	6
Futterrüben	40	7	Trockenschnitzel	5,6	—	—
			(Futterstroh	11	—	—)

Der Bedarf — ergänzt, korrigiert und endgültig zusammengestellt

Für eine absolut gesicherte Futterwirtschaft reichen vorstehend rechnerisch ermittelte Futtermengen noch nicht aus. Sie bedürfen der Ergänzung, teilweise auch der Korrektur.

Der Grünlandbezirk

Man teilt auch hier am besten ein in die Sommer- und Winterfütterung.

Grünfütterung. Sie umfaßt die Zeit etwa vom 26. April bis 11. November (200 Tage). Ihr Hauptträger ist der Rotklee, der aber nur vom 1. Juni bis 15. September, also an 107 Tagen, Futter liefert. Zur Sicherung der 200 Grünfuttertage bedarf es also der Ergänzung durch andere, und zwar zusätzlich im Zwischenfruchtbau zu erzeugende Futterpflanzen. Dabei ergibt sich eine Dreiteilung: die vorverlegte, die eigentliche und die verlängerte Grünfütterung.

Die vorverlegte Grünfütterung vom 26. April bis 31. Mai (36 Tage) wird durch den Winterzwischenfruchtbau bestritten. Er steht am Beginn des neuen Futterjahres und leitet über zur eigentlichen Grünfütterung mit dem Rotklee. Wenn man von den einzelnen Winterzwischenfrüchten durchschnittliche Erträge und eine reichliche Tagesgabe von 50 kg unterstellt, dann sind je Kuh folgende Mengen und Flächen erforderlich:

I. Stufe vom 26. April bis 5. Mai, 10 Tage: 5 dz = 3 a Grünraps.
II. Stufe vom 6. bis 19. Mai, 14 Tage: 7 dz = 3,5 a Grünroggen.
III. Stufe vom 20. bis 31. Mai, 12 Tage: 6 dz = 3 a Wickroggen.

[1]) Auch die Luzerne ist, wie der Rotklee, nur an 107 Tagen, vom 1. 6. bis 15. 9., lieferbereit. Für die übrigen 93 Tage stehen auch im Luzernebezirk leicht erschließbare Grünfutterquellen zur Verfügung: Winterzwischenfruchtbau, etwas Sommerzwischenfrucht, vom Oktober ab Rübenblatt.

Eine Futterart reicht der anderen die Hand, und das Roggen-Zottelwicken-Gemenge vermittelt zeitlich den pausenlosen, absolut gesicherten Anschluß an den ersten Rotkleeschnitt. Bei dem landschaftsunabhängig immer sicheren vollen Gelingen und bei einem durch Stickstoff etwas getriebenen Wachstum reichen diese Flächen, wenn man sie mit der Zahl der in der Wirtschaft stehenden Kühe multipliziert, für Kühe und Jungvieh und den geringen Bedarf des Schweinestalles aus. Erfahrungsgemäß ergeben sich außerdem von Grünroggen und Wickroggen immer noch Überschüsse für die Einsäuerung. Eine oft durchführbare Ergänzung, Vereinfachung und Vervollkommnung der winterlichen Zwischenfrucht ist der stundenweise Frühweidegang der Kühe über Mittag auf Weidekoppeln oder auf hofnahen, warmgründigen Wiesen. Wenn man die Narbe durch herbstliche Düngung — je ha 2 dz Kali, 3 dz Thomasmehl, 2 dz Kalkstickstoff — und vor allem durch winterliche Abdeckung mit organischem Abfallmaterial vortreibt, kann der stundenweise Weidegang in günstiger klimatischer Lage durchschnittlich bereits am 15. April beginnen. Er bietet neben anderen besonders folgende Vorteile:

Vorverlegung der Grünfutterperiode um etwa weitere 10 Tage; evtl. Verzicht auf den Grünraps, der unbequemsten und noch unsichersten Form der Winterzwischenfrucht. Wenn man sich dazu entschließt, den Kurzweidegang bis zum Beginn der Grünroggenfütterung auf etwa 20 Tage auszudehnen, dann würde sich der Winterzwischenfruchtbau auf die sichersten, einfachsten und leistungsfähigsten Früchte, den Grün- und Wickroggen, gründen.

Die eigentliche Grünfütterung vom 1. Juni bis 15. September (107 Tage) wird getragen durch den Rotklee. Im kleewüchsigen, humiden Bezirk kann man in Durchschnittsjahren mit einem pausenlosen Futteranfall während der 107 Tage rechnen. Insgesamt bleibt es bei den je Kuh errechneten Mengen- und Flächenwerten von Rotklee: 40 dz = 16 a.

Wenn man in der Übergangslage auf sorgfältig ausgewählten und vorbereiteten luzernefähigen Teilflächen den Rotklee durch die massen- und nährwertmäßig um 30—50% leistungsfähigere und zudem trockenheitsverträglichere Luzerne ersetzt, dann ist das ein ganz wesentliches Mittel zur Einsparung von Hauptfruchtfutterfläche und zur Überwindung trockenheitsverursachter Fütterungslücken während der Rotkleefütterung.

Die verlängerte Grünfütterung vom 16. September bis 11. November (57 Tage). Man muß für diese Zeit besondere Vorsorge durch jahreszeitlich zusätzlich anfallendes Grünfutter treffen: Wenn der Rotklee seine Nutzung abschließt, läßt sich das Runkelrübenblatt als Grünfutterquelle heranziehen, und zwar ohne Beeinträchtigung des Rübenertrages, wenn sich das Abblatten auf die untersten Blattkränze beschränkt. Sehr bewährt hat sich um diese Zeit auch folgendes Futter: Man erntet kleine Teilflächen Futterrüben ganz, aber jeweilig nur den Tagesbedarf, zerkleinert Rübe und Blatt zusammen in der Rübenmühle und stellt sich ein leicht angegorenes „Schüttfutter" her. Am Abend vorher schichtet man abwechselnd eine dünne Lage Spreu oder Häcksel und zerkleinerte Blattrüben zwei- bis dreimal übereinander und läßt beides über Nacht etwas erwärmen bzw. leicht angären. Die Kühe nehmen dieses gut milchtreibende Futter gern an. Es stehen in dieser Periode aber auch noch andere, teilweise recht ergiebige Grünfutterquellen zur Verfügung: als Zwischenfrucht gebautes Erbsen-Wicken-Gemenge und Stoppelklee, vom 15. Oktober ab bis in den beginnenden Winter hinein Markstammkohl und auch Zuckerrübenblatt. Die Zuckerrübe ist durchaus kein Monopol der Rübenbezirke. Auch die Übergangslage kann die Zuckerrübe mit Erfolg als höchstleistungsfähige Futterpflanze anbauen, aber nur unter folgenden Voraussetzungen und bei deren Einhaltung mit folgenden Vorteilen: Voraussetzungen: Auswahl tiefgründiger, zuckerrübenfähiger Teilflächen des Ackers; neuzeitliche Anbautechnik, insbesondere tiefe Herbstfurche; kein zusätzlicher Anbau, sondern im Rahmen der betriebsnotwendigen Futterrübenfläche deren teilweiser Ersatz durch die Zuckerrübe. Die Rübenfläche insgesamt darf durch die Zuckerrübe keine Erweiterung erfahren.

Vorteile: im Schweinestall bei einer Mischung von 1 Teil gedämpfter Kartoffeln und 1 Teil feinstzerkleinerter Zuckerrüben vollwertiger Kartoffelersatz; als größter Vorteil im Kuhstall Verlängerung der Grünfutterperiode bis etwa Mitte November und darüber hinaus.

In den Wiesen und Zwischenfruchtuntersaaten sind im September und Oktober durch Weidegang auch noch weitere Futterquellen zu erschließen. Es ist nicht möglich, für diesen Abschnitt der Grünfütterung Maß und Zahl anzugeben, da sämtliches Futter zusätzlich ist und keine besonderen Flächen erfordert. Dazu wäre vielleicht noch zu sagen: Wird eine weitere 14tägige Verlängerung der Grünfutterperiode beabsichtigt, so müßten je Kuh an Markstammkohl 3 dz = 1,5 a gebaut werden. Die letzten Wochen dieser Zeit vermitteln unter Einsatz kleiner Heugaben allmählich den Anschluß an die Winterfütterung.

Kartoffelflocken. Zum Eiweiß-Stärkewert-Ausgleich sind im Sommerstall des Grünlandbezirkes je Kuh noch 2 dz Kartoffelflocken, bei Umrechnung auf Frischkartoffeln 6 a, zwar nicht gerade unentbehrlich, aber äußerst wertvoll. Die Kartoffel ist die ergiebigste wirtschaftseigene Stärkewertträgerin und beim Bemühen um ausgeglichene Rationen noch wirkungsvoller als Trockenschnitzel.

Winterfütterung. Sie dauert etwa vom 12. November bis 25. April und beansprucht 165 Tage. Ihre Grundlage ist das

Wiesenheu. Bei guten zweischürigen Wiesen mit 60 dz/ha Ertrag und einer täglichen Gabe von 6 kg je Tier sind für die Winterstallfütterung je Rindvieh-Einheit 10 dz = 17 a Dauerwiese erforderlich.

Die Tagesgabe ist mit 6 kg so reichlich, daß sich bei einer an der Leistung des Einzeltieres bemessenen Fütterung und bei Heuersatzfütterung — Erbsenstroh und gutes Sommerhalmstroh — als unbedingt notwendige Maßnahmen auch noch Rücklagen für die Zeit der Sommerstallfütterung und für die Bildung einer Futterreserve erübrigen lassen.

Futterrübe. Sie ist ein wertvoller Stärkewertträger und die unentbehrliche Saftfuttergrundlage des Winters. Bei 600 dz/ha Ertrag und 25 kg Tagesgabe sind je Kuh 40 dz = 7 a Futterrüben erforderlich.
Wenn man die 7 a Rübenfläche aufteilt in 5 a Futterrüben und 2 a Zuckerrüben, dann werden der Kuh 12 dz Futterrüben entzogen und für sie 4,80 dz Zuckerrübenblatt gewonnen, die bei einer Tagesgabe von 35 kg die herbstliche Grünfütterung im Kuhstall um 14 Tag verlängern. Man erhält außerdem 6 dz Zuckerrüben für den Schweinestall. In vielen Wirtschaften wird man von dieser wirtschaftlich vorteilhaften Austauschmöglichkeit der beiden Rübenformen Gebrauch machen können. Herausgestellt sei nochmals: Die gesamte Rübenfläche für die Kuh darf durch die Zuckerrübe keine, jedenfalls keine wesentliche Ausdehnung erfahren.

Hülsenfruchtgemenge. Rechnerisch genau sind je Kuh 16 dz = 8 a erforderlich. Das Gemenge ist teuer und als winterlicher Eiweißlieferant bei sachgemäßer Vergärung teilweise durch Stoppelklee und die billigeren Kleeuntersaaten ersetzbar. Man kann sich unbedenklich auf 12 dz = 6 a (= 2 m^3 Siloraum) zurückwagen und dann auch noch den geringen Bedarf für die herbstliche Grünfütterung bestreiten. — Anders, schwieriger und noch vordringlicher liegen die Dinge beim *Silomais.* Es werden benötigt für die Winterfutterzeit 20 dz und für die Sommerstallfütterung 30 dz, insgesamt 50 dz = 14 a. Das ist für die Wirtschaft untragbar. Bis zur Siloreife benötigt der Mais als Kurztagpflanze $4^1/_2$ Monate Wachstumszeit, d. h. Zwischenfruchtstellung ist bei ihm ausgeschlossen, er muß unter schmerzlichem Verzicht auf die bislang übliche Kartoffel als „Spätsaathauptfrucht" hinter die Winterzwischenfrucht gestellt werden. Diese reicht aber mit ihren 9,5 a je Kuh hinsichtlich der Fläche nicht aus, und man muß sich andere, billigere Kohlehydratquellen suchen. Die billigste, sicherste, auch in bezug auf den Gehalt am meisten verwandte und bei 2 Monaten Wachstumszeit vor allem für den Zwischenfruchtbau geeignete Stellvertreterin des Silomaises ist die tagneutrale Sonnenblume. Die 50 dz Kohlehydratfutter ließen sich etwa so einrichten:

20 dz Silomais = 5,5 a und
30 dz Gärsonnenblume (400 dz/ha) = 7,5 a.

Dabei erübrigt man noch fast die halbe Fläche der Winterzwischenfrucht für zweifruchtgestellte Kartoffeln.

Grün- und Winterfütterung insgesamt — Gesamtfutterbedarf im Grünlandbezirk. Um den Gesamtbedarf in besser vorstellbaren Werten angeben zu können, soll eine Wirtschaft von 200 ha Größe, davon 180 ha Acker und 20 ha Grünland (=10%; Grünland-Ackerverhältnis 1 : 9) mit folgendem Bestand an Heufressereinheiten unterstellt sein:

	GVE
12 Pferde	12
80 Kühe	80
36 älteres Jungvieh	27
18 jüngeres Jungvieh	9

Tabelle 21

	Je RVE		Für 116 RVE		Ackeranteil		20 ha-Wirtschaft[1])
	dz	a	dz	ha	%		ha
	1	2	3	4	5		6
	Hauptfruchtfutterbau						
Rotklee	40	16	4640	18,5	10		1,9
Wiesenheu	10	17	1160	19,25	10[2])		2
Futterrüben	40	7	4640	7,75	4,3		0,8
Kartoffelflocken bzw. Kartoffeln	2	6	160[3])	4,8	2,7		0,5
	Je RVE		Für 116 RVE		Ackeranteile	benötigter Gärraum je RVE	20 ha-Wirtschaft
	dz	a	dz	ha	%	m³	ha
	Zwischen- und Zweitfruchtbau						
Sommerzwischenfruchtbau							
Erbsen/Wicken-Gemenge	12	6	1392	7,5	4,2	1,6	0,75
Gärsonnenblume	30	7,5	3480	8,7	4,8	4,0	0,9
Zweitfrucht-Silomais	20	5,5	2320	6,6	3,7	2,7	0,67
Winterzwischenfrucht	18 (5+7 +6)	9,5 (3+3,5 + 3)	1440[4])	7,6	4,2		0,75
Untersaaten	—	—	—	7—8	ca. 4		0,75

Die Hauptfruchtfutterarten, die auch als Pferdefutter dienen, Rotklee und Heu, sind um den Bedarf der vorhandenen Pferdeeinheiten zu erhöhen. Da in vorliegendem Falle die vorhandenen 20 ha Wiesen fast restlos durch den Kuhstall beansprucht werden, muß der Rotklee das Grün- und Rauhfutter für den Pferdestall liefern, und zwar: Für 1 Pferd 25 kg grünen Rotklee täglich, an 107 Tagen 27 dz, für 12 Pferde 12 × 27 = 324 dz insgesamt. Bei 250 dz/ha Ertrag sind für die Grünfütterung 1,3 ha erforderlich.
Für 1 Pferd 5 kg Rotkleeheu an ca. 250 Tagen = 12,5 dz. Für 12 Pferde = 150 dz insgesamt. Bei 50 dz/ha Ertrag sind für die Heufütterung nochmals 3 ha anzubauen. Die Rotkleefläche muß sich von 18,5 um 4,3 ha auf 23 ha oder allgemeingültig von 10 auf 13 Ackeranteile erhöhen. Selbstverständlich kommt das für den Pferdestall berechnete Rotkleeheu späterhin dem Milchviehstall im Umtausch gegen Wiesenheu zugute.

Für höhere Leistungen sind erfahrungsgemäß außerdem je Milchkuh im Jahr 2 dz Hafer bereitszustellen.
Die für die Einrichtung des Futterbaues wichtigsten Werte sind die Mengenangaben der Zahlenreihe 1. Sie haben absolute Allgemeingültigkeit und bilden den Ausgangspunkt jeder Berechnung. Durch Multiplikation mit der Zahl der GVE lassen sie sich für jede Wirtschaft, gleich welcher Größe und Besatzstärke, an-

[1]) Grünland-Acker-Verhältnis ebenfalls 1 : 9 und auch 0,58 ha RVE.
[2]) Der LNF.
[3]) Nur für die Kühe.
[4]) Nur der Bedarf der Kühe berücksichtigt.

wenden. Wichtig und bedingt allgemeingültig sind auch die Rubriken 2 und 5. Die Rubrik 2 trifft zu bei den unterstellten mittleren Erträgen. Bei niedrigeren Hektarerträgen werden die Flächenwerte größer, bei höheren kleiner. Die „Ackeranteile" der Zahlenreihe 5 hängen ebenfalls von der Futterergiebigkeit auf der Flächeneinheit und vor allem vom Viehbestand ab. Die hier angegebenen Zahlen gelten für einen normalen Bestand von 0,55 bis 0,6 GVE-Rindvieh je ha. Für alle futterbaulich und fütterungstechnisch einigermaßen in Ordnung befindlichen Wirtschaften haben die Reihen 2 und 5 so weit Allgemeingültigkeit, daß man bei Einrichtung des Futterbaues zunächst einmal mit ihnen ohne schwerwiegende Fehlgriffe beginnen kann. Änderungen ergeben sich in Abhängigkeit von Bewegungen im Viehbestand von selbst. Unter futterwüchsigen Verhältnissen und bei einem guten Fütterer und beweglichen Futterbauer verkleinern sich bei gleichbleibendem Viehbestand die Werte, unter umgekehrten Bedingungen und bei nur durchschnittlichen Fähigkeiten auf diesem zentralen Gebiet werden sie größer. Unter Benutzung der Werte in Reihe 4 ist in der Reihe 6 der Hektarbedarf einer 20 ha-Wirtschaft mit ebenfalls einem Grünland-Acker-Verhältnis 1 : 9 und einem Rindviehbestand von 0,58 GVE/ha errechnet worden.

Die für die Ernährung einer Heufressereinheit erforderliche Hauptfruchtfutterfläche, die „Vergleichszahl", beträgt in unserer Wirtschaft 40 a. Zusätzlich sind je RVE 28,5 a Zwischenfrucht erforderlich. Eine Vergleichszahl von 40 ist im Grünland-Rotklee-Futterrüben-Gebiet nicht übersteigert. Sie reicht aus für eine vollwertige Ernährung und darüber hinaus für die allmähliche Bildung der in jeder geordneten Wirtschaft erforderlichen Futterreserve. Gleichwohl wird der tüchtige Betriebsleiter bei ständiger Steigerung der tierischen Leistung um die Erschließung weiterer zusätzlicher Futterquellen bemüht sein, um seine „Vergleichszahl" noch etwas weiter herabzusetzen. Möglichkeiten hierzu sind vorhanden: Steigerung der Futterergiebigkeit auf der Flächeneinheit Hauptfruchtfutter; rationellste Fütterung; Ersatz weniger leistungsfähiger Futterarten durch solche mit höherer Massen- und Nährwertlieferung, z. B. des Rotklees und der Futterrübe auf Teilflächen durch Luzerne und Zuckerrübe; im Bezirk mit günstigem Klima frühjahrgesätes Erbsen-Wicken-Gemenge als Erstfrucht vor später zu bestellenden Hauptfrüchten, so vor Grünpflückbohnen und noch anderen. Diese Möglichkeiten sind von Bezirk zu Bezirk und oft sogar von Betrieb zu Betrieb verschieden, aber überall vorhanden.

Der Luzernebezirk

Die beiden futterbaulichen Säulen sind hier die Luzerne und die Zuckerrübe. Die Umkehrung des früheren Zeitverhältnisses in 200 Tage Grünfütterung und 165 Tage eigentliche Winterstallfütterung wird hier noch leichter, und es ist gar nicht schwer, mit Hilfe der Zuckerrübe das Verhältnis zugunsten der Grünfütterung noch mehr zu erweitern, im Extrem etwa auf 245 Tage „grün" und 120 Tage „dürr", wenn man die Grünfütterung neuzeitlich sieht, d. h. niemals als ausschließliche Grünfütterung, sondern immer in Ergänzung mit anderen, möglichst zahlreichen Futtermitteln.

Grünfütterung. Ihre Hauptträgerin ist die Luzerne. Auch sie liefert nur an etwa 107 Tagen Futter. Wird die gleiche Zeitspanne von 200 Tagen Grünfütterung wie im Rotkleebezirk angestrebt, so ergibt sich auch hier die gleiche zeitliche Gruppierung.

1. Vom 26. April bis 31. Mai (36 Tage): Winterzwischenfrucht mit Grünraps, Grünroggen und Zottelwickengemenge. Insgesamt sind je Kuh 18 dz = 9,5 a erforderlich.
   Bei der Möglichkeit eines stundenweisen Frühweideganges läßt sich die Grünfutterperiode auch hier um weitere 10 Tage vorverlegen. Man kann auf den Winterraps verzichten, wenn der Weidegang auf 20 Tage ausgedehnt wird.
2. Vom 1. Juni bis 15. September (107 Tage): Fütterung grüner Luzerne (je Rindvieheinheit 40 dz = 10 a).
3. Vom 16. September bis 11. November (57 Tage) und weit darüber hinaus bis Weihnachten hin: Die Blattfütterung beginnt allgemein am 15. Oktober. Bis dahin sind 30 Tage mit dem im Rübenbezirk in dieser Jahreszeit zusätzlich anfallenden Grünfutter zu überwinden: Runkelblatt, zerkleinerte Rüben mit Blatt, sommerliche Stoppelsaaten, Untersaaten und andere Grünfutterquellen. Vom 15. Oktober bis 11. November werden je Tier und Tag 0,5 dz Blatt = 0,21 a, für 27 Tage also 13,5 dz = 5,6 a Zuckerrübenfläche – 240 dz/ha Blattertrag – benötigt. Will man die Blattfütterung bis Weihnachten hin verlängern, insgesamt also 71 Futtertage, dann sind je Kuh 35,5 dz = 15 a Zuckerrübenfläche erforderlich.

Winterfütterung. Auch hier soll sie 165 Tage, vom 12. November bis zum 25. April, dauern.

Luzerneheu. Es sind je Kuh 9 dz = 11 a erforderlich. Mit 5 kg dieses hochwertigen Heues ist die Tagesration so reichlich bemessen, daß sich auch hier durch Streckung mit Sommerhalm- und Erbsenstroh Rücklagen für die Sommerstallfütterung und zur Bildung einer Futterreserve erübrigen lassen.

Futterrübe. Als winterliches Saftfutter und zum Eiweiß-Stärkewert-Ausgleich werden 40 dz = 7 a benötigt. Sie reichen völlig aus. Wenn man die Rübenerträge auf 700 dz/ha zu steigern vermag und noch zusätzlich die Winterstallfütterung abkürzt, kann man den Flächenbedarf je Kuh auf 6 a herabsetzen.

Blattsilage. Bei einer Tagesgabe von 10 kg und einem Blattertrag von 240 dz/ha sind je Rindvieheinheit 16 dz = 7 a Zuckerrübenfläche erforderlich. Insgesamt muß man zur Bestreitung der spätherbstlichen Grünblattfütterung und der winterlichen Gärblattfütterung je GVE Rindvieh 29,5 dz Rübenblatt = 13 a Zuckerrübenfläche rechnen.

Maissilage. Für die Sommerstallfütterung sind 30 dz und für die Winterstallfütterung 16 dz, insgesamt 46 dz = 12,5 a, erforderlich. Es liegt die gleiche wirtschaftliche Notwendigkeit vor wie im Grünlandbezirk. Der teuere, durch seine Langlebigkeit nur als Zweitfrucht anzubauende Silomais muß auf die Winterzwischenfruchtstoppel beschränkt bleiben, und die Restfläche ist durch die kürzerlebige und für den Zwischenfruchtbau geeignete Sonnenblume zu ersetzen, z. B.:

21 dz Silomais = 6 a
25 dz Gärsonnenblume = 6,3 a

Auch hier können etwa auf $^1/_3$ der Winterzwischenfruchtstoppel Kartoffeln in Zweifruchtstellung gebaut werden.

Trockenschnitzel. Bei einem Rücklieferungsverhältnis von 4 dz Trockenschnitzel gegen 100 dz Frischrüben setzt die Bereitstellung von 5,6 dz (Tabelle 20) je Kuh eine Zuckerrübenfläche von 0,5 ha, ebenfalls je Kuh gerechnet, voraus. Dem großen Bedarf an Schnitzeln wird in den meisten Wirtschaften nicht voll entsprochen werden können, da er eine arbeitswirtschaftlich übersteigerte Rübenfläche erfordern würde. Der Schnitzelbedarf läßt sich etwa nur zur guten Hälfte decken. Man muß und kann sich auch andere Stärkewertträger beschaffen.

Grün- und Winterfütterung insgesamt — Gesamtfutterbedarf im Luzernebezirk. Auch hier soll eine 200-ha-Wirtschaft mit dem gleichen Heufresserbestand, aber jetzt grünlandfrei, zugrunde gelegt sein. Deren Futterbedarf beträgt dann:

Tabelle 22

	Je RVE		Für 116 RVE		Ackeranteile	Je RVE benötigter Gärraum	20-ha-Wirtschaft[1])
	dz	a	dz	ha	%	m³	ha
	1	2	3	4	5		6
Hauptfrucht-Futterbau							
Luzerne, grün	40	10	4640	11,6 } 24,4	6 } 12,4		1,2 } 2,5
Luzerneheu	9	11	1050	12,8	6,4		1,3
Futterrüben	40	7	4640	7,75	3,9		0,8
Zwischen- und Zweitfruchtbau sowie zusätzliches Futter							
Sommerzwischenfrucht							
Frischblatt	13,5[2]) } 29,5	5,6[3]) } 13	1566	6,5 } 14,6	3,3 } 7,4	2,1	0,65 } 1,5
Gärblatt	16	7[3])	1856	8,1	4,05		0,8
Trockenschnitzel	5,6	47[4])	448	(37,6	18,8	—	3,8)
Gärsonnenblumen	25	6,3	2900	7,3	3,6	3,3	0,75
Zweitfruchtmais	21	6	2436	7	3,5	2,8	0,75
Winterzwischenfrucht	18	9,5[5])	1440	7,6	3,8		0,75
Untersaaten	—	—	—	7—8	ca. 4		0,75

[1]) Unter sonst gleichen Voraussetzungen wie die Großwirtschaft und ebenfalls mit 0,58 ha RVE.
[2]) Nur für 27 Tage berechnet.
[3]) Zuckerrübenfläche.
[4]) Unter der Voraussetzung, daß von 1 ha 12 dz Schnitzel rückgeliefert werden.
[5]) Nur die Kühe.

Grünluzerne und Luzerneheu, wovon auch die Pferde gefüttert werden, müssen um den Bedarf der 12 Pferde erhöht werden.

Für 1 Pferd 25 kg Grünfutter täglich, an 107 Tagen also 27 dz, für 12 Pferde 324 dz insgesamt. Bei 400 dz/ha Ertrag sind für die Grünluzernefütterung 0,81 ha erforderlich. Für 1 Pferd 5 kg Luzerneheu täglich, folglich an 250 Tagen 12,5 dz und für 12 Pferde gleich 150 dz insgesamt. Bei 80 dz/ha Ertrag sind für die Heufütterung nochmals 1,9 ha anzubauen.

Die Luzernefläche muß sich von 24,7 um 2,7 auf 27,4 ha oder allgemeingültig von 12,5 auf annähernd 14 Flächenprozente erhöhen.

Auch hier sind für höhere Leistungen im Milchviehstall als wirtschaftseigenes Kraftfutter 2 dz Hafer je Kuh bereitzustellen.

Für die Einrichtung bzw. Überprüfung der Futterwirtschaft sind die Zahlen der Rubrik 1 entscheidend. Im übrigen gelten die gleichen Überlegungen wie für das Grünlandgebiet (S. 44/45). Auf Grund der Spalte 4 ist in Reihe 6 der Hektarbedarf einer 20-ha-Wirtschaft mit sonst gleichen Bedingungen, insbesondere ohne Dauergrünland und mit ebenfalls 0,58 ha GVE Rindvieh, errechnet.

Eine fundamentale Aufgabe als zusätzliche Futterquelle hat im Rübengebiet die Zuckerrübe: sie liefert spätherbstliches Frischblatt, winterliches Gärblatt, Trockenschnitzel für das ganze Futterjahr. Die Frisch- und Gärblattlieferung erfüllt sie erfahrungsgemäß in vollem Umfange bei einem Rübenanteil am Ackerland von etwa 10%. Die Bereitstellung von Trockenschnitzeln in der vollen Bedarfsmenge würde über 18 Ackeranteile voraussetzen, eine Fläche, an die sich nur wenige gute Rübenwirtschaften heranwagen. Man kann sagen — die Rübe erfüllt ihre futterwirtschaftliche Funktion bei ca. 10 Ackeranteilen in der Frisch- und Gärblattlieferung in vollem Umfange und in Trockenschnitzeln etwa zur guten Hälfte des tatsächlichen Bedarfs. Aber jeder über die 10%-Grenze hinausgehende Anteil verlängert die spätherbstliche Frischblattzeit, erhöht die Gärblattfütterung, steigert den Vorrat an Trockenschnitzeln, ermöglicht die Troblako-Herstellung, stabilisiert insgesamt die Futterwirtschaft.

Die „Vergleichszahl" beträgt 28,4 a. Zusätzlich sind je Rindvieheinheit 21,8 a Zwischenfrucht erforderlich. Dazu ist ein Zuckerrübenanbau von ca. 10 Ackeranteilen vorausgesetzt. Eine Vergleichszahl im Bereich von 30 bis höchstens 35 repräsentiert im Rübenbezirk die durchschnittliche Fläche für die Heufressereinheit. Sie verbürgt die vollwertige Fütterung und die kontinuierliche Bildung einer Futterreserve. Auch hier bestehen Möglichkeit und Verpflichtung, den Hauptfruchtfutterbau durch sorgfältigsten Zwischenfutterbau und rationellste Fütterung mäßig herabzusetzen.

Ein Flächenvergleich zwischen Grünland- und Luzernebezirk (Tabelle 23).

Der Luzernebezirk ist dem Grünlandbezirk überlegen. Er braucht sowohl im Haupt- als auch im Zwischenfruchtbau für die vollwertige Ernährung einer GVE und damit auch im Gesamtfutterbau erheblich kleinere Flächen als dieser. Das ist der Einfluß der Luzerne und der Zuckerrübe. Die Luzerne hat eine um 30 bis 50% höhere Massen- und Nährwertleistung als Rotklee und Wiesen. Die Zuckerrübe, die im Rübenbezirk zur Erfüllung ihrer futterwirtschaftlichen Funktionen ca. 10 Ackeranteile fordert, liefert allein in ihren verfütterungsfähigen

Es sind erforderlich:

Tabelle 23

	Im Grünlandbezirk		Im Luzernebezirk		In einem praktischen Betrieb (Luzernebezirk)	
	a Heu-fresser-einheit	Acker-anteil %[1]	a Heu-fresser-anteil	Acker-einheit %[1]	a Heu-fresser-einheit	Acker-anteil %[1]
Hauptfruchtfutter	40	27,3	28,4	17,9	28,2	18,4
Zwischen-fruchtfutter	28,5	20,7	21,8	14,9	29,2	16,3

Rückständen je Flächeneinheit die glciehen Nährwertmengen wie ein vollwertiger Rotklee oder eine gute Wiese oder ein Hafer mit 40 dz/ha Kornertrag. Sie erübrigt im Rübenbezirk das im Grünlandbezirk unentbehrliche Erbsen-Wicken-Gemenge. Daraus erklärt sich der dortige geringere Zwischenfrucht-Flächenbedarf. Die eindeutige und klare Vorzugsstellung des Rüben-Luzerne-Bezirkes ist ein Hinweis für den Landwirt im Grünlandbezirk, weitestgehend die überlegenen Massen- und Nährwertproduzenten auch bei sich einzusetzen, auf luzernefähigen oder luzernefähig zu machenden Teilflächen die Luzerne für den Rotklee und auf rübenfähigen oder rübenfähig zu machenden Teilflächen die Zuckerrübe für die Futterrübe. Der erwähnte praktische Betrieb mit guten tierischen Leistungen — 4303 l Milch mit 160 kg Fett durchschnittlicher Jahresleistung je Kuh bzw. 1330 l Milch je ha LNF — stimmt mit den für den Luzernebezirk vorgeschlagenen Flächenwerten gut überein. Beide Aufstellungen sind völlig unabhängig voneinander entstanden. Darin darf man wohl einen Beweis für die Richtigkeit der Zahlen sehen. — Die angegebenen Zwischenfruchtwerte, 20,7 bzw. 14,9 Ackeranteile, erscheinen relativ niedrig. Sie sind aber auch Mindestforderungen, die man im Interesse der Futterversorgung nicht unterschreiten, aus arbeitswirtschaftlichen Gründen aber auch nicht allzu weit überschreiten darf. Im übrigen erhöhen sie sich um die Rotklee-Einsaaten und erreichen dann die heute oft genannten Flächenforderungen von 20 bis 25%. Ernte und Einsäuerung der Zwischenfrüchte führen zu einer herbstlichen Arbeitsspitze, die sich in der Rübenwirtschaft kaum bezwingen läßt, zumal die Ernte durch die Frühfrostgefährdung von Mais und Sonnenblume stark termingebunden ist. Wenn man noch weiter erhöhen will, dann durch Untersaaten. Sie sind arbeitsersparend und im Herbst nicht frostgefährdet. Man kann sie durch Weide nutzen. Auch machen sie sich durch ihre vorzügliche Gründüngungswirkung bezahlt.

Die Einrichtung des Futterbaues in Weidewirtschaften

Vorstehenden Vorschlägen liegt, wie es den mitteldeutschen Verhältnissen — bis auf Südthüringen — überwiegend entspricht, ganzjährige Stallfütterung mit höchstens zeitweisem Weidegang zugrunde. Ausgesprochene Weidewirtschaften

[1]) Bei normalem Viehbestand von ca. 0,58 RVE/ha.

bedürfen einer Sonderberechnung. Im allgemeinen haben sie zur Sicherung ihrer Futtergrundlage einen höheren Flächenbedarf. Sie werden ihn zur Verkleinerung ihrer Vergleichszahl um so mehr herabdrücken können, je mehr sie auf kleinen und sorgfältig gepflegten Koppeln eine neuzeitliche Weidewirtschaft mit kurzfristigem Umtrieb und langen Ruhepausen – mindestens 18 Tage – sowie Beweidung in mehreren Leistungsgruppen durchführen, bis sie schließlich in der neuzeitlichsten Form, der Stundenweide, den minimalen Flächenbedarf der Rüben-Luzerne-Wirtschaft erreichen. Junges Weidegras einer botanisch besten Narbe stellt ein der Sojabohne ebenbürtiges Eiweißkonzentrat dar. Erfolgreiche Weidewirte fütterten, wie sie früher sagten, am Tage Eiweiß und in der Nacht Kohlehydrate. Diese Auffassung war richtig und wird nunmehr in der „Portionsweide" realisiert. Für deren Erfolg hat als wesentlicher Grundsatz, auch im Sinne unserer Befunde, eine planvolle Einrichtung des Ackerfutterbaues zu gelten. Als eine der wichtigsten Aufgaben hat er einen großen Teil des Bedarfs an ergänzenden Stärkewertträgern zu decken. Den Überlegungen mag eine neuzeitliche Portionsweide mit je 3 Stunden Weidezeit am Vor- und Nachmittag zugrunde gelegt sein sowie eine Weideperiode vom 1. Mai bis 15. Oktober (168 Tage).

Weideperiode

Nach Mitteilung des Instituts für Tierernährung Jena (WERNER und FREYTAG) nimmt eine Kuh, auf das Weidejahr berechnet, je Tag 45 kg Gras auf. Danach ergibt sich:

Fütterung:

Tabelle 24

	Eiweiß		Stärkewert		Ballast	
	‰	g	‰	g	‰	g
45 kg Weidegras	32	1440	109	4905	35	1575
3 kg Futterstroh	13	39	170	510	400	1200
Gesamtnährstoffe		1479		5415		2775
Erhaltungsbedarf		330		3300		4300
Milcherzeugungswerte		1149		2115		–1525
Relation		1		1,84		
Ausreichend für kg Milch		20,9		8,5		

Auch bei Strohzufütterung sind die Stärkewerte die leistungsbegrenzenden Minimumfaktoren. Eine 19- bis 20-Liter-Kuh müßte etwa so gefüttert werden:

45 kg Weidegras	32	1440	109	4905	35	1575
2 kg Wiesenheu	65	130	300	600	305	610
15 kg Maissilage	12	180	119	1785	45	675
3 kg Futterstroh	13	39	170	510	400	1200
Gesamtnährstoffe		1789		7800		4060
Erhaltungsbedarf		330		3300		4300
Milcherzeugungswerte		1459		4500		–240
Relation		1		3,1		
Ausreichend für kg Milch		26,5		18		

Bei noch relativer Ausgeglichenheit entspricht die Ration einer Erzeugung von 19 bis 20 kg Milch. Bei niedermelkenden Tieren ist der Eiweiß-Stärkewert-Ausgleich auf bester Narbe überhaupt nicht zu erzwingen. Zwangsläufig wird Eiweiß vergeudet. Das läßt sich — unter mäßiger Herabsetzung obiger Ergänzungsration, insbesondere Einsparung des Heues — nur durch Weidegang dieser Tiere auf schon einmal abgefressenen Teilstücken mit ca. 26% Eiweiß etwas vermindern. Das Futter für 25 kg Milch und darüber müßte sich einschließlich des 2 × 3stündigen Weideganges etwa so zusammensetzen: 2 kg Wiesenheu, 10 kg Maissilage, 2 kg Kartoffelflocken, 0,5 kg Haferschrot, 0,5 kg Gerstenschrot, 2 kg Futterstroh. Bei einer gut ausgeglichenen Eiweiß-Stärkewert-Beziehung von 1 : 3,9 reichen das Eiweiß aus Weidegang und Stallration für 27 und die Stärkewerte für 23 kg Milch.

Futterbau: Je Kuh müssen vorhanden sein:

Tabelle 25

	Tag kg	Für die 168 Tage Weidezeit dz	Erforderliche Fläche a
Weidegras	45	76	14,5 beste Weidenarbe
Wiesenheu	2	3,5	6 gute Wiese
Maissilage	12,5	21	6 Silomais
Kartoffelflocken	1	1,68	5 Kartoffeln
Haferschrot	0,5	0,84	2,8 Hafer

Unter Ergänzung durch 3 kg Haferstroh reichen bei obiger Tagesration bei einer Eiweiß-Stärkewert-Relation von 1 : 3,4 das Eiweiß für 27 und die Stärkewerte für 20 l Milch aus, insgesamt für etwa 22 l. Beim Weideflächenbedarf kann man so rechnen: eine beste Narbe liefert auf 1 m² 1 kg Gras. Täglich wären also 45 m² je Kuh erforderlich. Aus Sicherheitsgründen und zum Ausgleich des bereits ab Juli unaufhaltsam nachlassenden Narbenwuchses veranschlagt man jedoch nicht 45, sondern 60 m². Für die Erzeugung des Jahresbedarfs von 76 dz sind demnach 101,3 a notwendig. Bei zumindest siebenmaligem Umtrieb bzw. siebenmaligem Nachwachsen der Narbe während der 168tägigen Weidezeit benötigt man je Kuh aber nur 101,3 : 7 = 14,5 a, immer noch eine sehr erhebliche Flächeneinsparung gegenüber der gewöhnlichen Umtriebsweide, bei der man auch bei bester Narbe, Düngung, Pflege und Weidetechnik 25 a je Kuh im Minimalfall rechnet. Insgesamt wurde eine gute bis sehr gute Weide vorausgesetzt, aber die Berechnung ist sehr vorsichtig, so daß man bei bester Gestaltung aller die Weideleistung beeinflussenden Faktoren damit auskommen wird.

Winterfutterperiode

Sie soll, wie vorher erwähnt, vom 12. November bis 25. April dauern, also 165 Tage beanspruchen. Nach den für den Grünlandbezirk gemachten Unterstellungen sind für ausreichende und ausgeglichene Rationen bei guten mittleren Leistungen von durchschnittlich 13 l Milch je Kuh erforderlich:

	Tag kg	Für die 165 Tage Winterfutterperiode dz	Erforderliche Fläche a
Wiesenheu	6	10	17 gute Wiesen
Futterrüben	25	40	7 Futterrüben
Hülsenfruchtgemenge	8	12	6 Erbsen-Wicken-Gemenge
Maissilage	12,5	20	6 Silomais
Kartoffelflocken	1	1,65	5 Kartoffeln
Hafer	0,5	0,83	2,8 Hafer

Übrige Zeit des Futterjahres

Das sind diejenigen Abschnitte des Jahres, in denen die Weiden noch nicht oder nicht mehr lieferbereit sind, in denen aber schon bzw. noch vom Acker Grünfutter zur Verfügung steht. Im Futterjahr gesehen, ist es so:
Die Weideperiode dauert vom 1. Mai bis 15. Oktober = 168 Tage, die Winterfutterperiode dauert vom 12. November bis 25. April = 165 Tage.
Es bleiben noch offen:

die Zeit vom 26. bis 30. April = 5 Tage und
die Zeit vom 16. Oktober bis 11. November = 27 Tage.

Die Zeit vom 26. bis 30. April (5 Tage). Diese kleine Vakanz ist in Weidebezirken mit frühem Frühjahr und zeitigem Narbenaustrieb überhaupt nicht vorhanden. Wo sich hier eine Fütterungslücke einstellt, läßt sie sich leicht überbrücken durch

1. einige Koppeln, auf denen man die Bestandsentwicklung durch starke herbstliche Handelsdüngung — je ha 2 dz 40%iges Kali, 3 dz Thomasmehl, 2 dz Kalkstickstoff — und vor allem durch winterliche Abdeckung mit organischem Abfallmaterial vortreibt, also einen Frühweidegang erzwingt, oder
2. durch die Winterzwischenfrucht als nächstliegende und einfachste Maßnahme.
   Grundsätzlich spielt die Winterzwischenfrucht in den Weidebetrieben nicht die entscheidende Rolle wie in den weidefreien Wirtschaften, in denen sie den zeitlichen Anschluß der Winterfütterung an die eigentliche Grünfutterperiode zu vermitteln hat. Futter, insbesondere zusätzliches, ohne besondere Flächenbeanspruchung erzeugtes Futter, kann man aber nie genügend haben. Für Weidewirtschaften dürfte es richtig sein, etwa die Hälfte der für den grünlandfreien Betrieb vorgeschlagenen Fläche Winterzwischenfrucht anzubauen und sich dadurch gleichzeitig die notwendige Erstfruchtfläche für den Zweitfrucht-Silomais zu schaffen, je Kuh also etwa: 2,5 dz Grünraps = 1,5 a; 3,5 dz Grünroggen = 1,75 a; 3 dz Winterroggen = 1,5 a. Es werden sich
3. erhebliche Restbestände ergeben. Diese kann man sämtlich einsäuern und hat dann als Ergänzung des etwas knapp angesetzten Erbsen-Wicken-Gemenges eine wertvolle Reserve an Eiweißgärfutter für den Winterstall und für Bedarfsperioden im Sommer. Oder man füttert zunächst unter Schonung der Weide bis etwa Mitte Mai die grüne Winterzwischenfrucht, hat dann geringere Mengen zum Einsäuern, kann aber, entsprechend dem neuzeitlichen Prinzip der kombinierten Mähe-Weide-Nutzung des Grünlandes, Koppelflächen zur Heubereitung stehen lassen. Alle diese Überlegungen lassen sich nicht nach Maß und Zahl fassen, aber dem dispositionsfähigen und wendigen Futterbauer und Fütterer sind kaum Grenzen für sein Handeln gezogen, wie das auch für die andere Periode gilt.

Die Zeit vom 16. Oktober bis 11. November (27 Tage). Die Weiden sind nicht mehr lieferbereit, die eigentliche Winterfutterperiode darf noch nicht beginnen, aber es stehen andere ergiebige Grünfutterquellen zur Verfügung, und zwar die gleichen wie im Grünlandbezirk ohne Weide, die aber von dem weidegewohnten Vieh mit höherem Wirkungseffekt ausgenutzt werden (S. 41/42): vor allem Erbsen-Wicken-Gemenge aus dem Zwischenfruchtbau; in Wirtschaften, die einen Teil ihrer Futterrübenfläche durch Zuckerrüben ersetzt haben, Zuckerrübenblatt; schließlich der frostharte Markstammkohl, alle diese Futterarten im Stall; davor und dazwischen stundenweiser Weidegang auf Wiesen, Stoppelklee und Untersaaten. Man kann hier kaum bestimmte Mengen- und Flächenangaben machen. Zweckmäßigerweise wird die Wirtschaft 4–5 Ackeranteile Untersaaten als Mindestfläche vorsehen und je Kuh 3 dz = 1,5 a Markstammkohl. Entscheidend sind die herbstliche Verlängerung der Grünfutterperiode und das Bestreben, zur Schonung der Wintervorräte mit diesen Futterarten möglichst weit über den 11. November hinauszukommen.

Gesamtmenge und Gesamtfläche der Futterarten in der Weidewirtschaft

Die Überlegungen zur Futterwirtschaft des Weidebetriebes mögen zu einer ähnlichen tabellarischen Zusammenfassung nach Menge und Fläche führen wie vorher für die Grünland- und Luzernewirtschaft ohne Weidegang. Es sollen die gleichen Unterstellungen gemacht werden wie dort: 200 ha LNF, davon 180 ha Acker und in diesem Falle 20 ha Grünland, ausschließlich als Weiden; Heufresserbestand 12 Pferde, 80 Kühe und 36 GVE Jungvieh, insgesamt 128 GVE Heufresser, von denen 116 GVE Rindvieh sind.

Tabelle 26 a

	Je RVE		Für 116 RVE		Ackeranteile	20-ha-Wirtschaft[1])
	dz	a	dz	ha	%	ha
	1	2	3	4	5	6
Hauptfruchtfutterbau						
Weidegras	76	14,5	6080[2])	11,6[2])	5,8[3])	1,2
Heu von Rotklee bzw. Klee-Gras-Gemenge	13,5	22,5	1566	26,1	14,7	2,6
Futterrüben	40	7	4640	7,75	4,3	0,8
Kartoffelflocken bzw. Kartoffeln	3,35	10	288[2])	8,5	4,7	0,8
Hafer	1,70	5,7	136[2])	4,6	2,5	0,5
Zwischen- und Zweitfrucht						
Sommerzwischenfrucht						
Erbsen-Wicken-Gemenge	12	6	1392	7	3,9	0,75
Silomais	41	11,7	4756	13,6	7,6	1,4
Winterzwischenfrucht	9 (2,5 + 3,5 + 3)	4,75 (1,5 + 1,75 + 1,5)	720	3,8	2,1	0,4
Untersaaten	–	–	–	9,0	5	1

[1]) Völlig gleiche Verhältnisse wie in der Großwirtschaft: Grünland-Acker-Verhältnis 1 : 9; 0,58 RVE/ha. [2]) Nur für Kühe. [3]) % der LNF.

Zu der Tabelle sind noch einige Ergänzungen und auch Korrekturen erforderlich:

1. Die Weidefläche. Von den vorhandenen 20 ha werden knapp 12 ha für die Portionsweide der Kühe gebraucht. Es sind aber auch noch 27 GVE älteres, also weidefähiges Jungvieh vorhanden. Auch diese Tiere sollen auf die Weide gehen, aber nicht auf die „Rationsweide", sondern auf eine normale Umtriebsweide. Man rechnet durchschnittlich je ha 4 GVE Jungvieh. Für die 27 Einheiten sind also zusätzlich zu den 12 ha für die Milchkühe noch 7 ha für das Jungvieh erforderlich, insgesamt 19 ha. Es bleibt nur 1 ha Dauergrünland für die Heugewinnung. Zusammen mit dem Heu von den Weiden, das sich bei der heute erstrebten kombinierten Wiesen-Weide-Nutzung immer ergibt, kann man ca. 100 dz veranschlagen. Wir wollen diese Mengen jedoch gar nicht in Ansatz bringen.
2. Das Heu. Es muß in Form von Rotklee und Klee-Gras-Gemenge ausschließlich vom Acker gewonnen werden. Dafür sind 26,1 ha = 14,7 Ackeranteile für das Rindvieh erforderlich. Hinzu kommen noch das Grünfutter und das Heu für die 12 Pferde: für 1 Pferd 25 kg Grünfutter, an 107 Tagen = 27 dz, und für die 12 Pferde 324 dz insgesamt. Bei 300 dz/ha Ertrag sind für die Grünfütterung 1,1 ha erforderlich. Für 1 Pferd 5 kg Winterheu, an 250 Tagen = 12,5 dz, für 12 Pferde 150 dz. Bei 60 dz/ha Ertrag wären für die Heufütterung nochmals 2,5 ha Klee-Gras-Gemenge anzubauen. Insgesamt sind an Klee-Gras-Gemenge 29,7 ha = 16,7 Ackeranteile erforderlich.
3. Silomais. Er ist als Spätsaathauptfrucht teuer und kann nur nach der Winterzwischenfrucht, also auf 3,8 ha = 2,1% des Ackers, gebaut werden. 3,8 ha liefern 1330 dz Silomais. Die restliche Bedarfsmenge von 3426 dz muß durch die für den Zwischenfruchtbau geeignete Sonnenblume auf 8,6 ha = 4,8 Ackeranteile erzeugt werden.

Die ergänzte und korrigierte Zusammenstellung des Mengen-Flächenbedarfs sieht in der Weidewirtschaft nunmehr so aus (s. Tabelle 26b).
Im einzelnen sei noch gesagt bzw. nochmals erinnert:

1. Der Widerspruch, daß für die Milchkuh nur 14,5, für eine GVE älteren Jungviehes aber 25 a gefordert werden, erklärt sich so: die Milchkühe gehen auf Stundenweide und erhalten während der Weideperiode im Stall eine starke Kohlehydratergänzung von ca. 2 kg Wiesenheu, 12,5 kg Maissilage, 1 kg Kartoffelflocken, 0,5 kg Haferschrot. Das Jungvieh mit an sich hohem Eiweißbedarf weidet ganztägig und erhält keine Zufütterung.
2. Der starke Anbau von Rotklee bzw. Klee-Gras-Gemenge von annähernd 17 Ackeranteilen erklärt sich aus dem Umstand, daß die vorhandenen 20 ha Dauergrünland fast ganz durch den Weidegang beansprucht werden und nur bescheidene Restflächen für die Heuwerbung bleiben, außerdem auch noch aus dem Bedarf der Pferde.
3. Das Erbsen-Wicken-Gemenge ist zur Eiweißergänzung im Winterstall in gleicher Menge und Fläche notwendig wie in der Grünlandwirtschaft ohne

Tabelle 26 b

	Je RVE dz	Je RVE a	Für 116 RVE dz	(Summe)	Für 116 RVE ha	(Summe)	Ackeranteile %	(Summe)	Gärraum m³	20-ha-Wirtschaft[1]) ha	(Summe)
	1	2	3		4		5			6	
Hauptfruchtfutterfläche											
Weidegras bzw. Weidefläche für 80 Kühe	76	14,5	6080		11,6	18,35	5,8	9,2[2])		1,16	1,86
Weidegras bzw. Weidefläche für 27 Einheiten älteres Jungvieh	—	25	—		6,75		3,4			0,7	
Rotklee und Klee-Gras-Gemenge											
als Heu für das Rindvieh	13,5	22,5	1566		26,1	29,7	14,7	16,7		2,6	2,96
als Heu für die Pferde	12,5	20,8	150		2,5		1,4			0,25	
als Grünfutter für die Pferde	27	9	324		1,1		0,6			0,11	
Futterrüben	40	7	4640		7,75		4,3			0,8	
Kartoffelflocken bzw. Kartoffeln	3,35	10	288[3])		8,5		4,7			0,8	
Hafer	1,70	5,7	136[3])		4,6		2,5			0,5	
Zwischen- und Zweitfrucht											
Sommerzwischenfrucht											
Erbsen-Wicken-Gemenge	12	6	1332		7		3,9		1,6	0,75	
Silomais	11,5	3,3	1330	4756	3,8		2,1		1,5	0,4	
Gärsonnenblume	29,5	7,4	3426		8,6		4,8		3,9	0,9	
Winterzwischenfrucht	9 (2,5 + 3,5 + 3)	4,75 (1,5 + 1,75 + 1,5)	720[3])		3,8		2,1		—	0,4	
Untersaaten	—	—	—		9		5		—	1,0	

[1]) Völlig gleiche Verhältnisse wie in der Großwirtschaft: Acker-Grünland-Verhältnis 1 : 9, 0,58 RVE/ha, gleiche Futterwüchsigkeit
[2]) Prozent der LNF
[3]) Nur für die Kühe

Weidegang. Erforderlich ist auch in etwas anderer Verteilung auf Mais und Sonnenblume die stärkewertschaffende sommerliche Stoppelsaat zum Kohlehydratausgleich im Winter, besonders aber in der Weideperiode zum Ausgleich des soja-ebenbürtigen jungen Weidegrases. Dazu muß auch die Kartoffelflocke herangezogen werden.

4. Die Winterzwischenfrucht ist auf die Hälfte reduziert, weil eine gute, wüchsige Narbe bei winterlicher Abdeckung mit organischem Material im Frühjahr eher mit dem Wachstum beginnt als die Winterzwischenfrucht, die man dann zu einem erheblichen Teil als vergorene Reserve für den Sommer verwendet.
Die „Vergleichszahl" beträgt 44 a, 4 a mehr als in der Grünlandwirtschaft ohne Weidegang. Die Ansätze sind so vorsichtig und großzügig, daß sich kurz fristig erhebliche Vorräte ergeben werden. Man kann dann die Futterfläche mäßig verringern. Erforderlich sind zudem noch je RVE 22 a Zwischenfrucht. Prozentual muß die Zwischenfrucht 18 Ackeranteile als Minimalforderung betragen.

III. Die Anbautechnik der wichtigsten Futterpflanzen

III. Die Anbautechnik der wichtigsten Futterpflanzen

Ernährungs- und betriebswirtschaftlich wird der Futterbau beherrscht von dem „Gesetz der kleinsten Fläche". Seinen zahlenmäßigen Ausdruck findet dieses Prinzip in der „Vergleichszahl zwischen Heufresserbestand in GVE und Hauptfruchtfutterfläche". Im Grünlandbezirk schwankt die „Vergleichszahl" durchschnittlich zwischen 40 und 50, im Luzernebezirk zwischen 30 und 35. In der Einzelwirtschaft ist die „Vergleichszahl" ein wichtiger Maßstab für die Beurteilung des Betriebsleiters im allgemeinen und im besonderen für seine Tüchtigkeit als Futterbauer und Fütterer.

Unter der strengen Voraussetzung gleicher Futterwüchsigkeit und gleicher tierischer Leistung an Milch, Fett, Fleisch und anderen tierischen Erzeugnissen, bezogen auf die Flächeneinheit LNF, ist von 2 Wirtschaften diejenige die volkswirtschaftlich wertvollere, die es versteht, die volle Leistung aus einer kleineren Hauptfruchtfutterfläche zu erzielen. Von den vorher beschriebenen Wirtschaften benötigte die aus dem Grünlandbezirk für die Ernährung einer Heufressereinheit 40 bzw. die Weidewirtschaft 44 und die aus dem Rüben-Luzerne-Bezirk 28 a. Wenn es in jeder der Wirtschaften gelingt, unter Erhaltung oder gar Steigerung der tierischen Leistung die „Vergleichszahl" um 2 a herabzudrücken, dann stehen in jeder Wirtschaft $2\,a \times 128 = 2{,}56$ ha mehr für die Erzeugung unmittelbarer Marktfrüchte zur Verfügung. Unsere Wirkungsmöglichkeiten zur Verkleinerung der Fläche für absolutes Futter liegen — ganz allgemein gesehen — teils in der Einrichtung, teils in der Anbautechnik. Einrichtung: im Grünlandbezirk teilweiser Ersatz des Rotklees durch die Luzerne und der Futter- durch die Zuckerrübe; im Luzernebezirk Erweiterung der Zuckerrübenfläche bis zur arbeitswirtschaftlich und biologisch verantwortbaren Grenze; im Weidegebiet zumindest neuzeitliche Umtriebsweide, wenn möglich Übergang zur „Portionsweide"; in allen drei Gebieten rationellste Fütterung und volle Nutzung aller zusätzlichen Futterquellen. Anbautechnik: neuzeitlich vervollkommnete Verfahren auf allen Futterflächen. — Sowohl vom Hauptfruchtfutterbau als auch vom Zwischenfruchtbau sollen nachfolgend nur die tragenden, die unentbehrlichen Futterpflanzen erörtert und von diesen auch nur die neueren und die weniger beachteten technischen Gesichtspunkte herausgestellt werden, alles unter der Zielsetzung höchster Leistung und höchster kultureller Wirkung für den Gesamtacker der Wirtschaft.

Hauptfruchtfutterpflanzen

Dazu gehören Luzerne, Rotklee, Futterrübe und die Wiese bzw. Weide.

Luzerne

Sie ist nach Massen- und Nährwertleistung unsere leistungsfähigste Futterpflanze, von keiner anderen erreicht und erreichbar.

Flächenbedarf

Dort, wo die Luzerne die einzige Grünfutter- und Heulieferantin ist, in den wiesenfreien oder wiesenarmen Wirtschaften der eigentlichen Luzernebezirke, werden benötigt: je GVE Rindvieh 21, je GVE Pferd 23 a, bei durchschnittlichem Viehbesatz 14 bis 15 Flächenanteile des Ackers.

Fragen um die Luzernefähigkeit

Als ehemalige vorder- und mittelasiatische Steppenpflanze ist die Luzerne auch heute noch grundsätzlich auf das Wein- und Zuckerrübenklima mit geologisch kalkreichen Böden beschränkt. Diese Böden weisen einen gesunden Untergrund auf und sind bei ungestörtem Profilaufbau tiefgründig, luft-, wasser-, wärme- und wurzelwegsam. Den luft- und regenfeuchten Bezirken der Küste und der höheren Berglagen, insgesamt dem graswüchsigen, humiden Bereich, den naßkalten Ton- und sterilen Sandböden, den moorigen, sauren und profilgestörten Bodenarten hält sie sich fern. Zwischen diesen beiden Extremen höchster und gänzlich fehlender Luzernefähigkeit liegen in den Vorlagen der Berge die Bezirke bedingter Anbaumöglichkeit, die bei mittlerer Klimagunst und Bodenbonität mit den neuzeitlichen ackerbaulichen Maßnahmen zur Kultursteigerung luzernefähig zu machen sind. Sie gestatten dann zum höchsten Nutzen für die Betriebe, wenigstens auf Teilflächen, den Ersatz des Rotklees durch die wertvollere Luzerne. In der Frage der Luzernefähigkeit eines Standortes sind die tieferen Schichten stets entscheidender als die Krume, und die strengen Boden- und Klimaforderungen ermäßigen sich bis zu einem relativ niedrig liegenden Mindestmaß, und zwar um so mehr, je höher der *Falcata*-Blutanteil der in der Übergangslage grundsätzlich anzubauenden Bastardluzerne ist. Maßgebend ist deren Bewurzelung. Sie stellt von den beiden Eltern-Formen her eine glückliche Kombination der Vorzüge des Pfahl- und des Faserwurzelsystems dar und besteht aus einer starken Hauptwurzel mit gleichwertiger Nebenwurzelbildung. Mit ihren vertikal und horizontal stärkstens entwickelten Wurzeln ist die Bastardluzerne befähigt, sich auch mit einem nicht ganz luzerne-spezifischen Untergrund, wie sie ihn in ihren eigentlichen Bezirken, den Schwarzerdegebieten und Muschelkalklandschaften, vorfindet, abzufinden. Luzernefähig zu machen sind ein lehmiger Sand und sandiger Lehm oder ein anderer mittelwertiger Boden, wenn in wurzelerreichbarer, selbst größerer Tiefe kalkführende Lehm- oder Mergelschichten anstehen und wenn er bis in ca. 2 m Tiefe frei ist von Stauwasser, Horizontbildung und sonstigen Profilstörungen. Bewegtes Grundwasser kann auch höher reichen. Wir finden heute im Buntsandsteingebiet volleistende

Luzernebestände in unmittelbarer Nachbarschaft von Ödflächen und Äckern mit der typischen Wild- und Unkrautflora des sauren Bereichs. Die Luzernefähigkeit ist hier weitgehend eine Frage der Kultur. Wir sind durchaus in der Lage, durch mehrjährige Sonderbehandlung ehemals luzernefeindliche Böden luzernefähig zu machen: primär eine reichliche und gleichmäßige Durchkalkung der Krume bis zu 25 bis 30 cm Tiefe mit sehr hohen Kalkgaben schon zu einer der Vorfrüchte, damit sich der Kalk durch möglichst zahlreiche und tiefwirkende Arbeitsgänge durch die ganze Krume hindurch verteilt; eine Häufung bzw. kurzfristige Wiederkehr biologisch hochwertiger Vorfrüchte, besonders der stallmistgedüngten Kartoffel in Verbindung mit Tiefkultur und bester Bodenpflege. Die Luzerne ist zwar keine absolute Kalkpflanze, etwa wie die Esparsette, wohl aber sind außerhalb der steppenartigen Bedingungen auf den nicht geologisch kalkreichen Übergangs- und Grenzböden die spezifischen Kalkwirkungen — Neutralisation und Koagulation — zur Durchlüftung und Durchwärmung als „Faktorenersatz" unerläßlich. Die Impfung ist hier eine weitere Voraussetzung für den Erfolg. Die mittel- und geringerwertigen Böden der mitteldeutschen Muschelkalklandschaft, die des mittleren und auch die des unteren Muschelkalkes, sind durchweg zum Kreis der luzernefähigen Bodenarten zu rechnen, wenn nicht quergelagerte Steinplatten das Tiefenstreben der Wurzel allzu stark begrenzen. Hier benutzte man früher, besonders bei schräg-klüftigem Kalksteinuntergrund, die Esparsette als kultivierende Vorläuferin der Luzerne. Auch der tonige obere Muschelkalk trägt mit hervorragendem Erfolg Luzerne, besonders bei Überlagerung mit dunklem Löß. Stellenweise können hier aber auch hochliegende steife, wurzelunwegsame Tonschichten sowie querliegende Muschelkalkplatten zum Hindernis für ihre Kultur werden und diese Standorte dem Rotklee zuweisen. Der teilweise Ersatz des Rotklees in seinen Bezirken durch die in Nährwert und Massenwuchs leistungsfähigere Luzerne auf sorgfältig ausgewählten und luzernefähig gemachten Flächen stabilisiert die gesamte Futterwirtschaft der dortigen Betriebe und setzt insbesondere die „Vergleichszahl" herab. Die einzigartigen Leistungen dieser Pflanze, vornehmlich die Stetigkeit des Ertrages, rechtfertigen in der Übergangslage selbst einen ungewöhnlichen Aufwand [5 u. 6].

Vorfruchtforderung sowie Verträglichkeits- und Unverträglichkeitsbeziehungen

Biologisch hochwertige, kultur- und garehinterlassende Hackfrüchte, besonders die stallmistgedüngte und gut gepflegte Kartoffel, sind für die Luzerne bzw. deren Überfrucht optimale Vorfrüchte. Das gilt besonders für die Übergangs- und Grenzlage. — Den alten Grundsatz einer luzernefreien Anbaupause von der doppelten Dauer der letzten Luzernenutzung kann die gute Luzernelage mit einem in der Gesamtheit luzernefähigen Acker ohne weiteres einhalten. In der Übergangs- und Grenzlage mit begrenzten luzernefähigen Teilflächen ist nach neuerer Auffassung eine kürzere Wiederkehr von 5—6 Jahren möglich, wenn man in den luzernefreien Zwischenjahren durch Humusanreicherung und intensive Fruchtfolgegestaltung, richtige Bodenpflege, Kalkung und verstärkte Düngung mit Kali und Phosphorsäure den luzernespezifischen Bodenzustand weiter entwickelt. Gegenüber den anderen folgeempfindlichen Leguminosen, besonders Erbsen und Rotklee, wahrt man aus Sicherheitsgründen eine genügend große Distanz. Als mehrjährige Pflanze steht die Luzerne am zweckmäßigsten außerhalb der Rotation, insbesondere in Intensivwirtschaften mit übersteigertem Fruchtwechsel. Man kommt dann besser zurecht. Bei ordnungsgemäßen Aufzeichnungen lassen sich physiologische Schäden vermeiden, und man kann auch alle Schläge an der kulturellen „Wohltat" des Luzernebaues gleichmäßig beteiligen.

Saatbettvorbereitung und Düngung

Auch bei der am häufigsten angewandten Untersaatstellung verlangt die Luzerne ein gartenmäßiges Saatbett mit optimalen Keimbedingungen. — Wichtig ist eine gute Humusgrundlage durch systematische Stallmistdüngung im Rahmen der vorausgegangenen Rotationen. Der Kali- und Kalkbedarf ist auf Böden sandiger Textur hoch, überall aber, auch in den eigentlichen Luzernegebieten, der Bedarf an Phosphorsäure. Sie stellt den entscheidenden Nährstoff dar. Eine mittlere Luzerneernte erfordert 7 und eine hohe 9 mg P_2O_5. Im Luzernebau geht ihre Bedeutung über ihre dreifache Funktion als Nährstoff, strukturfestigendes Ion und Puffersubstanz noch hinaus. Die Phosphorsäure bestimmt den Gesundheitswert des Futters, den Mineralstoffreichtum, namentlich die der Knochenweiche entgegenwirkende Proportionalität der Kalk-Phosphorsäure-Beziehung, das richtige Säuren-Basen-Verhältnis. Zur Ansaat düngt man bei ausreichender Kalkversorgung je ha etwa so: 2—3 dz 40%iges Kali, 4 dz Thomasmehl und für die Getreideüberfrucht 0,5 dz Kalkammonsalpeter. Unter nährstoffreichen Bedingungen muß man auf die N-Düngung zur Überfrucht gänzlich verzichten. Das Entscheidende ist die Lagerverhütung. Im Laufe der Nutzung werden jährlich im zeitigen Frühjahr je ha 2 dz 40%iges Kali und 3 dz Thomasmehl verabreicht. Die in der Luzerne investierte Phosphorsäure wird den anderen Früchten nicht für dauernd entzogen. Sie kommt ihnen im Nährstoffkreislauf der Wirtschaft über den Stalldünger wieder zugute, und zwar in organisch gebundener und damit wirksamerer Form als beim Handelsdünger. Stallmist-, Jauche- und N-Gaben während der Nutzungsdauer sind grundsätzlich falsch [6].

Fragen um die Ansaat der Luzerne

Sie gehören zu den Kardinalfragen des Luzernebaues und bestimmen Gelingen oder Mißlingen der Ansaat, sogar den späteren Erfolg oder Mißerfolg. Allen Erörterungen über Einsaatfragen kann man als Grundsatz und Leitgedanken für die praktische Durchführung voraus stellen: Die Entwicklung im Ansaatjahre, die Geschlossenheit und Lückenfreiheit des erstjährigen Bestandes und die kraftvolle Einzelpflanzenentwicklung bis zur Einwinterung, die sich in annähernd geschlossenen Drillreihen dokumentiert, sind entscheidend für die Luzerneleistung gleich im ersten Nutzungsjahr und vor allem für die gesamte Lebensleistung. Diese Voraussetzung einer vollen Luzerneleistung ist am meisten gewährleistet durch Blanksaat. Sie erfolgt auf einem „gartenmäßig" vorbereiteten Saatbett noch im Schutze der Winterfeuchtigkeit, etwa in den ersten Apriltagen. Nach dem Auflauf bleibt die Wahl:

1. Man hält die immer aufkommende unvorstellbare Samenverunkrautung durch umfangreiche Pflegearbeiten mit Hackmaschine, Handhacke und Jäten in Grenzen und macht eine meist sehr gute Samenernte, gefährdet aber oft seine Rüben, überhaupt seinen ganzen Wirtschaftsablauf, besonders bei Anbau von größeren Flächen noch anderer unkrautempfindlicher, unter Hackzwang stehender Kulturen oder

2. man nimmt um die Blüte der Unkräuter herum mit hochgestelltem Schnittbalken des Grasmähers einen „Reinigungsschnitt' vor, verfüttert den Aufwuchs und begnügt sich im Ansaatjahre mit einem möglichst spät genommenen Hauptschnitt in der Vollblüte. Nur im warmen Langsommerbezirk könnte man nach diesem Reinigungsschnitt versuchen, nach vorsichtiger Handhacke noch zu einem Samenschnitt zu kommen.

Eine wirkungsmäßig verflachte Blankansaat ist die sommerliche bzw. spätsommerliche Ansaat auf einem Acker, der schon im gleichen Jahre eine halbe oder auch eine volle Jahresernte erbrachte. Erforderlich sind biologisch hochwertige und frühräumende Erst- bzw. Vorfrüchte, so die Winterzwischenfrucht, im Frühjahr gesätes Erbsen-Wicken-Gemenge, Grünpflückerbsen, frühreifende Erbsen, Frühkartoffeln. Man sät so frühzeitig, daß die junge Luzerne bis zum herbstlichen Vegetationsabschluß noch ein kraftvolles, im Winter nicht gefährdetes Entwicklungsstadium erreicht, im Kurzsommerbezirk zu Beginn des letzten Julidrittels und auch im Langsommerbezirk spätestens Anfang August. Auch im Langsommerbezirk hat die sommerliche Blanksaat ihre Schwächen. Bei hoch- und nachsommerlicher Trockenheit ist die Herstellung eines „gartenmäßigen" Saatbettes auf schwerem Boden oft in Frage gestellt, und die Luzerne selbst, besonders bei Leguminosen-Vorfrucht oder -Nachbarschaft, wird durch Blattrandkäfer gefährdet. Bedingungen für den Erfolg sind weiterhin ausreichende Niederschläge im Hoch- und Nachsommer sowie ein langer, günstiger Herbst.

Überfruchtansaat. Frühjahrs-Blanksaat bedeutet Verlust einer Jahresernte. In den alten Luzernegebieten, in denen hervorragende Luzernefähigkeit des Bodens und große Anbauerfahrung der Landwirte sich miteinander verbinden, ist die Unterfruchtstellung der Luzerne das übliche Verfahren. Wie die Einsaat in der Praxis auch ausgeführt werden mag, unverrückbar ist das Ziel: die geschlossene kraftvolle Entwicklung des Bestandes im ersten Jahr bis zur Einwinterung. Diese Entwicklung bestimmt die Leistung des ersten Nutzungsjahres und die gesamte Lebensleistung.

Allgemeine Voraussetzungen

1. Lagerverhütung der Überfrucht. Im Luzernebezirk mit trockenem Klima und Boden ist die Lagergefährdung schon an sich herabgesetzt, und man vermindert sie zusätzlich durch mäßige Saatstärke und N-Düngung sowie eine standfeste Getreidesorte.

2. Wahl einer günstigen Überfrucht. Folgende Teilwirkungen machen die Überfruchteigenschaft als Gesamtwirkung aus: Zeitpunkt der Einsaatmöglichkeit als die entscheidendste; Licht- und Luftdurchlässigkeit bzw. Grad der Bodenabschattung; Konkurrenzverhältnisse mechanischer, ernährungsmäßiger und vor allem wasserwirtschaftlicher Art zwischen Über- und Unterfrucht, und zwar sowohl ober- als auch unterirdisch; Zeitpunkt der Feldräumung bzw. die der jungen Luzerne bis zur Einwinterung noch verbleibende Zeit für eine ungestörte Entwicklung.
Jede Stufe stärkerer Überfruchtentwicklung drückt sich aus in einer kontinuierlich sich verschärfenden Stufe geringerer Unterfruchtentwicklung.

Die besten Einsaatverfahren. Es gibt viele theoretisch mögliche und praktisch übliche Methoden. Aber nur wenige sind wirklich gut. Nach der ungefähren Rangfolge ihrer Wertigkeit im Hinblick auf Überfrucht und Methode sind die folgenden als optimal anzusehen:

1. Die Einsaat unter reifenden Roggen. Auf gut durch den Frost gelockertem Boden ohne jegliche Vorbereitung, auf zu lockerem Boden nach alleiniger Walzen-, auf festerem und bei starkem Roggenbestand nach voraufgegangener Walzen- und Striegelpflege wird die Luzerne frühestmöglich, sobald es der Bodenzustand gestattet, etwa an der März-April-Wende zwischen die Reihen, meist mit Gewichten, gedrillt. Die abschließende Maßnahme nach dem Drillen wird in den meisten Fällen ein Cambridgewalzenstrich sein, besonders wenn vorher nicht gewalzt wurde, schon mit Rücksicht auf die gleichmäßige Bestockung des Roggens.
Besondere Vorzüge des Roggens sind: kein Pflegebedarf, sogar Pflegeablehnung; früheste Einsaatmöglichkeit, also Anschluß an die Winterfeuchtigkeit und deren volle Ausnutzung als wichtigster Vorteil, Licht- und Luftdurchlässigkeit; geringe Lager- und Ausfallgefährdung, dadurch weniger umfangreiche Kulturverunkrautung durch Ausfallauflauf im Bestand des ersten Jahres; relativ frühe Feldräumung; durch die frühe Einsaatmöglichkeit insgesamt geringere Niederschlagsabhängigkeit, besonders im Trockenbezirk und in Trockenjahren. Unter Grünroggen kann man der Blanksaat ebenbürtige Luzernebestände erzielen.

2. Hervorragend ist — wenn man es richtig macht — auch die Einsaat unter Wintergerste. Unter Verzicht auf Hackpflege, aber nach vorausgegangener frühestmöglicher Walzen- und Striegelpflege wird die Luzerne in der ersten Aprilhälfte zwischen die Reihen gedrillt.
Gegenüber ihrem Stand unter Roggen hat die Luzerne unter Wintergerste den großen Vorteil der längeren herbstlichen Wachstumszeit. Den Nachteilen der Gerste als Luzerneüberfrucht muß und kann man entgegenwirken: ihrer stärkeren Schattenwirkung und Lagergefährdung durch Vorsicht in Saatstärke und N-Düngung; ihrer Ährenbruch- und Ausfallneigung, die durch Ausfallauflauf der Luzerne im ersten Jahr sehr gefährlich werden kann, durch Schnitt in der Gelbreife.

3. Die Einsaat unter frühbestellte Sommergerste bei deren „Spitzen". Die frühestmöglich bestellte Sommergerste wird 4—6 Tage nach der Saat gecambridget und etwa am 8. Tage schräg zur Drillrichtung mit dem leichten Striegel „blind" gestriegelt. Zur Zeit des „Spitzens", etwa 14 Tage nach der Saat, wenn sich die Reihen gerade mit dem Auge verfolgen lassen, das Erstblatt noch tütenförmig-rund und mit der weißen Keimscheide umgeben ist, wird nochmals gestriegelt, und zwar jetzt entgegengesetzt schräg zum ersten Mal. Darauf wird die Luzerne zwischen die Reihen gedrillt, bei normalem Frühjahr etwa zwischen dem 15. und 20. April. Oder man sät die Luzerne beim „Spitzen" breitwürfig von Hand und bringt sie mit dem nachfolgenden Striegel unter.
4. Weniger günstig, aber durchaus brauchbar ist auch die Einsaat unter frühbestellten Hafer, z. Z. des „Spitzens" nach dem völlig gleichen Verfahren wie bei der Sommergerste.

Die Sommergerste ist durch größere Durchlässigkeit für die atmosphärischen Wachstumsfaktoren, geringere Nährstoff- und Wasserbeanspruchung, keine merkbaren ober- und unterirdischen Konkurrenzverhältnisse sowie frühere Feldräumung die entschieden bessere, der Hafer durch die entgegengesetzten Eigenschaften die geringwertigere Überfrucht.
Das Entscheidende, eigentlich Sichernde aller dieser 4 als optimal bezeichneten Einsaatverfahren ist die volle Ausnutzung der Winterfeuchtigkeit für den Keimvorgang und die Herabsetzung der ober- und unterirdischen Konkurrenz durch die Einsaat zwischen die Reihen während der jugendlichen Wachstumsvorgänge. Beide verbürgen bei nur mäßig herabgesetzter Jahresernte der Überfrucht den erstrebten Vollbestand im ersten Jahr. Aus Sicherheitsgründen muß bei der Winterung die vorgesehene N-Kopfdüngung 2—3 Wochen vor der Luzerneeinsaat erfolgen, weil sonst bei der Luzerne Keimbeeinflussungen eintreten könnten.
Es gibt noch andere Methoden, die sämtlich mehr oder weniger große Nachteile haben.
Sehr günstig für die Luzerne, fast der Blanksaat gleichwertig, etwa wie der Grünroggen, aber keine volle Jahresernte bringend, ist das im Frühjahr gesäte Erbsen-Wicken-Gemenge. Man drillt frühestmöglich und auf ca. 4 cm Tiefe zuerst das Gemenge. Bei lockerem und walzfähigem Boden, der die Luzerne zu tief bringen würde, muß man mit einer mittleren Cambridge abwalzen und kann dann die Luzerne entweder drillen oder auch breitwürfig säen und mit der Saategge oder dem Striegel unterbringen. Bei genügend festem Boden kann man auch versuchen, ohne vorherige Walze die Luzerne zwischenreihig in den noch markierten Acker zu drillen. Das Entscheidende ist die gleichzeitige Einsaat von Gemenge und Luzerne, möglichst am gleichen Tage, an der März-April-Wende. Das Gemenge darf nicht zu viel Hafer enthalten, und auch bei geringem Haferanteil soll man nicht zu früh schneiden, da jung geschnittener Hafer bei seinem starken Nachwuchsvermögen sonst die Luzerne stark bedrängt. Nach Wickfutter ist der junge Bestand zwar sehr gleichmäßig, aber zunächst hellgrüner und weniger

wuchsfreudig. Weniger gut ist die Mischsaat der Luzerne mit Sommergerste. Man geht am besten von $^1/_4$ ha aus. Die mäßig herabgesetzte Saatstärke der Überfrucht, je $^1/_4$ ha ca. 60 Pfund, wird mit 12–14 Pfund Luzernesamen unter gleichzeitiger Trockenbeizung im „Primus" gemischt und im letzten Märzdrittel auf ca. 2 cm Tiefe ausgedrillt. Auf Striegelpflege muß man verzichten. Doch ist späterhin ein sehr vorsichtiges Hacken möglich. Das Verfahren ist der Einsaat in Hafer beim „Spitzen" nicht ganz gleichwertig. Die „Hafer-Luzerne" wächst zwar niedriger, dafür aber kraftvoll, gleichmäßig und geschlossen. Die Luzerne in Mischung mit Sommergerste ist als Folge des ober- und unterirdischen Wettbewerbs der in einer Reihe stehenden Über- und Unterfrucht ungleichmäßiger, hochwüchsig, hellgrün und schwach in der Einzelpflanze. Wenn man die ungefähre Rangordnung der Verfahren ihrer Wertigkeit nach einhalten will, so wäre schließlich noch zu nennen die Einsaat in Sommergerste nach vollendeter Hackpflege: Die Luzerne wird kaum vor Mitte, meist erst Ende Mai zwischen die Reihen in den der Hackmaschine folgenden letzten Striegelgang eingedrillt. Eine weitere Methode ist das Mischen von Luzerne und Hafer, welche dann beide gleichzeitig ausgedrillt werden, und zwar in gleicher Art und Weise wie bei der Mischung mit Sommergerste. Als letztes und ungünstigstes, leider am meisten angewandtes Verfahren sei die Einsaat in Hafer nach vollendeter Hackpflege genannt; sie erfolgt in gleicher Weise wie bei Sommergerste in den die Pflegemaßnahmen abschließenden Striegelgang.

Die drei letzten Verfahren begünstigen ausschließlich die Überfrucht, sind sämtlich niederschlagsabhängig und nicht vollwertig, weder nach Sicherheit noch nach Entwicklung der entstehenden jungen Bestände. Selbst die Einsaat in fertig gepflegte Sommergerste ergibt einen ungleichmäßigen, niedrigen und wenig frohwüchsigen Bestand mit schwachen Einzelpflanzen. Bei Einsaat in Hafer nach beendeter Hackpflege sind Ungleichmäßigkeit und Schwachwüchsigkeit am ausgeprägtesten. Auch die Mischung mit Hafer ist kaum besser zu beurteilen.

Für den sorgfältigen Futterbauer und Fütterer konzentriert sich die Entscheidung auf die 4 erstgenannten Verfahren. Bei ihnen sind die antagonistischen Einflüsse zwischen Über- und Unterfrucht am wenigsten ausgeprägt. Dabei gibt der kundige Luzernebauer der untergesäten Luzerne die Vorhand, d. h. er verzichtet lieber auf 4–6 dz/ha Getreide zugunsten einer starken Herbstentwicklung der Luzerne. Kümmernde Erstbestände sind nur mit teuren Sondermaßnahmen während der Nutzungsjahre und auch dann kaum vollwertig korrigierbar. Unverständlich und angesichts der Bedeutung volleistender Futterflächen für die Wirtschaft nicht zu rechtfertigen ist die Tatsache, daß die Praxis überwiegend die unsichersten und unvollkommensten Methoden anwendet, die Einsaat in Sommergerste und besonders Hafer nach beendeter Hackpflege. Sie beruhen auf einer völlig falschen und kurzsichtigen Kalkulation. Insbesondere bringen sie die Luzerne mit ihren Keim- und Auflaufvorgängen in die häufig trockene Vorsommerzeit. Bei wertvollen und betriebsentscheidenden Unterfrüchten, wie der Luzerne, kommt es nicht auf den letzten Zentner von der Überfrucht an, sondern auf den geschlossenen und kraftvollen Jungbestand als alleinigen Bürgen für eine volle Lebensleistung.

Luzernepflege

Luzerneansaat und die jetzt noch zu erörternde Luzernepflege, beide konsequent und sachgemäß durchgeführt, sind die grundlegenden Voraussetzungen des Erfolges und ein Schulbeispiel dafür, wie man die richtigen praktischen Methoden auf dem Acker aus der Physiologie der Pflanze heraus logisch folgern kann. Gerade bei der Luzerne sind die Zusammenhänge zwischen physiologischen Eigenschaften und Anbautechnik besonders ursächlich und zahlreich. Gleichwohl mögen die pflegetechnischen Erfahrungen vorausgestellt sein, um sie dann zu begründen.

Nach einschlägigen Versuchen von KLAPP [5], der sich am meisten mit der richtigen Luzernepflege beschäftigt hat, vielfach erhärtet durch die Praxis des Großanbaues, erbrachten enge Drill-, sogar Breitsaaten und gänzlicher Verzicht auf jegliche Pflege die höchsten Grün- und Heuerträge. Es folgte dann die nur lockernde Pflege mit Egge und Grubber. Alle weiten Drillsaaten mit Hacken bzw. mit Hacken und Eggen fielen im Hinblick auf den Ertrag ab. Die arbeitssparsamste Methode, d. h. Anbau ohne jede Pflege, war also der aufwandstärksten mit Hackmaschine und Egge überlegen. Die beste Luzernepflege ist keine — mechanische! — Pflege, sondern die physiologisch ausgerichtete Schnittnutzung.

Physiologische Begründung der Luzernepflege. Gräser und Trifolium-Arten erneuern sich in ihren oberirdischen Teilen aus bodenverlagerten, also geschützten Vegetationspunkten. Gegensätzlich bildet die Luzerne ihre oberirdische Triebverzweigung aus dem über dem Boden stehenden, also ungeschützten Wurzelkopf. Daraus erklärt sich die ungünstige Reaktion der Luzerne gegenüber der Hack- und Eggenpflege. Gänsefuß und Eggenzinken reißen die gebildeten Jungtriebe ab, besonders bei verspätetem Einsatz. Sie zwingen die Pflanze zu stoff- und zeitvergeudender Regeneration, schwächen dadurch Weiterentwicklung und Ertrag, aber auch Unkrautabwehrkraft und Schattengare des Ackers.

Die Luzerne ist also pflegeablehnend. Sie bedarf für ihre Höchstleistung aber auch der Pflege nicht, weil sie auf dem Wege der Selbsthilfe alle mit der Hack- und Striegelpflege bei anderen Kulturen erstrebten Wirkungen selbsttätig herbeizuführen vermag, allerdings nur bei physiologisch orientierter Behandlung. Ihr „Nichtpflegebedarf" beruht auf ihrer Mehrjährigkeit. Spargel, Rhabarber, Topinambur kann man durch häufige und zeitlich ausgedehnte Nutzung kurzfristig ertraglos machen. Die Distel und andere Wurzelunkräuter kommen nur durch kurzfristig wiederholtes Abhacken und Ausstechen zum Erliegen. Lange Nutzungspausen lassen zufolge Auslösung ihrer Regenerationskräfte die mehrjährigen Kulturen ebenso erstarken wie lange Pflegepausen die Wurzelunkräuter. Bei letzteren erreicht man dann das Gegenteil des Erstrebten, eine verstärkte Verunkrautung. Ebenso bedarf die mehrjährige Luzerne längerer Schnittpausen, um durch die erst mit der Blüte einsetzende Speicherung von Assimilaterücklagen in der Wurzel die breite Stoffgrundlage für den folgenden Austrieb aus sich selbst heraus zu schaffen, damit auch die Voraussetzungen für Ertrag, gareschaffende Schattenwirkung und Wildgräser- und Unkräuterabwehr. Besonders entscheidend ist dabei infolge der im Spätsommer stark nachlassenden Assimilationsenergie die Länge der Pause zwischen den beiden letzten Schnitten, bei dreischüriger Nutzung zwischen dem 2. und 3. Schnitt. Kurzfristigen Nutzungen durch Früh- und Vielschnitt erliegt die Luzerne, weil ihr das wiederholte Fortnehmen der assimilierenden Blatt- und Stengelteile sowie das Unterbinden des Blühens die Möglichkeit der Reservestoffspeicherung in der Wurzel nimmt. Auf der gleichen physiologischen Ursache beruhen auch der alte Grundsatz, die Luzerne einmal im Jahre zur Vollblüte kommen zu lassen, und die Erfahrung von dem außerordentlich fördernden Einfluß eines eingeschalteten Samenjahres. Letzteres ist das wirkungsvollste Mittel, von der Überfrucht her geschwächte Bestände erstarken zu lassen. Noch einmal: Die Aufgabe der Luzernewurzel geht, im Gegensatz zu den kurzlebigen Pflanzen, über die bloße Wasser- und Nährstoffleitung weit hinaus. In ihr werden nach Aufbau der oberirdischen Teile von der Blüte ab diejenigen Assimilate als vorsorgliche Rücklagen der Pflanze gespeichert, welche die Stoffgrundlage für einen schnellen Aufbau großer Blatt- und Stengelmassen für den Folgeschnitt bzw. für das Folgejahr bilden. Unter- und Oberirdisches stehen bei der Luzerne in besonders enger Relation, d. h. alle Maßnahmen — sparsame und späte Schnittnutzung — und alle Bodenzustände — Tiefgründigkeit und reiche Ernährung, welche die Wurzelbildung fördern — steigern Ackerkultur und Pflanzenleistung, und diejenigen Maßnahmen — Früh- und Vielschnitt — und Bodenzustände — Flachgründigkeit und fester Boden, welche die Wurzelbildung beeinträchtigen — senken Bodenkultur und Ertrag. Ebenfalls zur Physiologie der Luzernepflege gehört die Art der Nachtriebsbildung im gleichen Jahr. Während der erste Aufwuchs der Blüte und Schnittreife entgegenwächst, schlagen auch die Vegetationskegel der zweiten Knospenserie aus und erreichen bis zum ersten Schnitt bereits eine Wuchshöhe von mehreren Zentimetern. Das wiederholt sich bei der Entwicklung vom zweiten zum dritten Schnitt. Beim 2. Schnitt ist der Austrieb des 3. bereits ca. 10 cm hoch [6]. Aus dieser Wuchsrhythmik erklärt sich die Reaktion der Luzerne auf verschiedene Maßnahmen:

Tiefgreifende Sensenmahd wirkt ungünstig auf den nächsten Austrieb, nicht jedoch der höher schneidende Grasmäher. Besonders wichtig ist hoher Schnitt bei der letzten Jahresnutzung wegen des Winterschutzes, des Schneefangs und herabgeminderter Strahlungsfröste. — Beweidung erfaßt im Gegensatz zum Weidegang auf Grünland und Rotklee den jungen Nachtrieb, verletzt die Wurzel und wirkt vernichtend. Zwischen den drei Kulturen bestehen auch dadurch Gegensätze, daß die weidebedingte Bodenfestigung den Wünschen der Gräser und des Klees entgegenkommt, während die Luzerne einen Boden mit lockerer Struktur fordert.

Physiologisch begründet sind auch noch einige weitere Maßnahmen, zunächst die Vermeidung verdämmender Einflüsse und jeglichen Bodendruckes. Längerstehende Getreidepuppen und Reuter lassen wildberasende Bestandeslücken entstehen. Befahren des Luzerneackers bei feuchtem Boden wirkt immer nachteilig, auch der Zapfwellenbinder bei der Ernte der Überfrucht. Zum Futterholen benutzt man keine eisen-, sondern gummibereifte Wagen. – Die Frage Drill- oder Breitsaat ist so zu beantworten: Man wird normalerweise drillen, und zwar aus wasserwirtschaftlichen Gründen und im Hinblick auf einen beschleunigten Auflauf, besonders im Trockenbezirk und bei späterer Saat. Dabei ist bei Überfrucht Zwischenreihenstellung anzustreben, so daß die Drillweite der Luzerne zwangsläufig derjenigen der Überfrucht entspricht, meist 20 cm. Von den Vorteilen enger Drillreihen und der Breitsaat, namentlich deren höheren Leistungsmöglichkeit, wird man unter der Voraussetzung ausreichender Feuchtigkeit bei Blanksaaten Gebrauch machen. Dabei verzichtet man von vornherein auf Hackpflege und hat die Absicht, wenn notwendig, später auf dem älteren Bestand mit Egge oder Grubber unterstützend einzugreifen.

Zusammenfassung: Die guten Erfolge der Hack- und Striegelpflege bei anderen Kulturen kann man nicht kritiklos auf den Luzerneacker übertragen. Die Luzerne ist gegenüber mechanischer Pflege empfindlich und bedarf ihrer weniger. Das Geheimnis volleistender Luzernebestände ist die physiologisch orientierte Einrichtung der Schnittzeiten. Überragend mitbestimmend ist dabei die Länge der Schnittpause zwischen dem vorletzten und letzten Schnitt. Sie soll nach KLAPP nicht kürzer als 7 Wochen sein, auch wenn man entgegen der alten Bauernregel über den 15. September hinaus kommen sollte [5]. Wichtig ist außerdem die in jeder Hinsicht schonende Behandlung der Luzerne.

Die Praxis der Luzernepflege, insbesondere die Einrichtung der Schnittzeiten. Die Pflege beginnt bereits im Ansaatjahre. Der erstjährige Bestand geht, auch bei starkem Höhenwuchs, grundsätzlich ohne jegliche Nutzung in den Winter. Das entschieden beste Förderungsmittel schwacher, durch die Überfrucht gehemmter, aber sonst lückenfreier Bestände ist die Einschaltung einer – im übrigen sehr sicheren – Samennutzung im ersten Nutzungsjahre, sonst die Entnahme von zwei Blütenschnitten unter Verzicht auf einen dritten. Jung- und Altbestände mit Fehlstellen- und Lückenwirkung lassen sich kaum korrigieren. Nachsaat mit Luzerne gelingt fast nie, und auch eine solche mit raschwachsenden Gräsern ist trotz Einhaltung der bekannten Vorsichtsmaßnahmen unsicher. Am besten ist in derartigen Fällen immer der rigorose Entschluß zu Umbruch und Neuanlage auf einem anderen Acker.

Die richtige Schnittnutzung stellt einen Kompromiß im Streben nach höchster Massen- und Nährwertleistung einerseits und Bestandesförderung andererseits dar und sieht bei Heuwerbung etwa so aus:

1. Schnitt etwa 10. Juni – Blühmitte,
   Schnittpause ca. 40 Tage = 5–6 Wochen.
2. Schnitt etwa 20. Juli – Vorblüte.
   Schnittpause ca. 52 Tage = gut 7 Wochen.
3. Schnitt etwa 10. September oder auch etwas später – Vollblüte.

Das Prinzip besteht in der fristgemäßen Entnahme der beiden ersten Schnitte, besonders des zweiten, so daß sich zwischen dem zweiten und dritten Schnitt die erstrebte lange Pause zur Stoffspeicherung in der Wurzel ergibt als Garantie für sichere Überwinterung, erfolgreiche Unkrautabwehr, hohe Leistung und Erhaltung eines Vollbestandes während der gesamten Nutzungsdauer. Man darf dabei ruhig etwas über den 15. September hinauskommen. Ein Schnitt nach dem 15. September wird nach KLAPP nur dann gefährlich, wenn der vorhergegangene weniger als 6 Wochen zurückliegt. Einen allzu späten Schnitt wird man aber auch vermeiden, weil durch ihn die Erneuerungstriebe des folgenden Frühjahrsaustriebes vernichtet würden. Der vierte Trieb muß noch vor dem Winter etwas erstarken können.
Wo Luzerne sicher und gut gedeiht, bringen reine Bestände die höchsten Erträge. Begrenzte Zusätze standortsgerechter Gräser sind in folgenden Fällen am Platze:

1. Vornehmlich im graswüchsig-humiden Bereich der mittleren Höhenlage mit Mergel- und Kalkböden;
2. in der Luzernegrenzlage mit geringwertigen Böden.

Grundsätzlich und allgemeingültig ist die Luzerne zu 90% ihrer Reinsaatstärke führend, bei 25 kg/ha also 22,5 kg/ha Luzerne:

a) unter humiden Bedingungen: 4 kg Wiesenschwingel oder 2,5 kg Lieschgras oder 2 kg Wiesenschwingel + 1,25 kg Lieschgras;
b) unter trockenen Verhältnissen: 2 kg Knaulgras oder 5 kg Glatthafer oder 1 kg Knaulgras + 2,5 kg Glatthafer.

Diese Grasanteile sind Höchstmengen. Auf feuchtem Standort sollen sie die Wildberasung – Gemeine Rispe, Jährige Rispe und verschiedene Unkrauttrespen – zurückhalten, auf trockenem die Massenleistung erhöhen und die Löwenzahngefährdung herabsetzen.
Das Wesentlichste sei noch einmal zusammengefaßt: Vorblütennutzung, besonders sehr frühe, erschöpft die Reserven der Pflanze, bei mehrmaliger Wiederholung bis zur Vernichtung durch Lückenwirkung und Verunkrautung (Löwenzahn). Ein früher Erstschnitt ist dann völlig unbedenklich, wenn man den Zweitschnitt zur Samengewinnung stehen läßt, wodurch die von der Frühmahd verursachten Schäden ausgeglichen werden. Ein bewußt bestandesschwächender Frühschnitt wird sogar zur Notwendigkeit, wenn man einen gut entwickelten Bestand in seinen besten Leistungsjahren, im zweiten oder dritten Nutzungsjahre, zur Samengewinnung heranziehen will. Benötigt man besonders junges und eiweißreiches Grünfutter für den Schweinestall, dann ist ein derartiger Frühschnitt noch am ehesten zur ersten oder zweiten Nutzung zu verantworten. Im Sommer schadet ein Schnitt 4 Wochen nach dem vorausgegangenen nicht, nur im Herbst ist er verderblich. Gleichwohl wird man die Teilflächen jährlich wechseln und in jedem Falle den Folgeschnitt in die Vollblüte kommen lassen. Die Assimilaterückwanderung aus der oberirdischen Pflanze in den Wurzelspeicher setzt in größerem Umfange erst mit der Blüte ein und erreicht ihr Höchstmaß bei

völlig ungestörtem Abblühen in der Samenbildung. Diese verbürgt daher eine 25 bis 30% betragende Mehrleistung des nächstjährigen Futterschnittes. Aber schon die lange Schnittpause zwischen den beiden letzten Jahresnutzungen im Sinne obigen Vorschlages ersetzt jegliche mechanische Pflege. Andererseits machen Früh- und Vielschnitt die mechanische Pflege der durch ihre oberirdischen Erneuerungsvorgänge eggen- und hackempfindlichen Luzerne völlig wirkungslos. Der Ertrag des Folgejahres steigt und fällt mit der Länge der Zeit, die im Herbst vorher zur letztmaligen Stoffspeicherung zur Verfügung stand. Im Hinblick auf die schon stark beeinträchtigte nachsommerliche Vegetationskraft — verminderte Lichtlänge und Lichtfülle, zurückgehende Temperaturen, Wasser- und Nährstofferschöpfung des Standortes — muß die letzte Schnittpause mindestens 7 Wochen betragen. Dabei läßt sich verschieden verfahren: Man schließt die Pause dem letzten Schnitt an, nimmt diesen also so zeitig vor, daß die Pflanze sich noch einmal bis zur Speicherung entwickeln kann, oder der letzte Schnitt erfolgt so spät, daß die Assimilatespeicherung zwischen dem vorletzten und letzten Schnitt erfolgt. Letzteres ist das grundsätzlich bessere, vor allem wirtschaftlichere Verfahren. Die Entwicklung bis zum speicherungsfähigen Stadium ist im Herbst immer ungewiß, und ein guter herbstlicher Nachtrieb würde die meisten Landwirte doch zu einem nochmaligen Schnitt verleiten. Der höchste Nährwertertrag — Masse × Eiweißgehalt — und gleichzeitig die geringste Beeinträchtigung der Nachwuchskraft der Pflanze sind normalerweise gewährleistet beim Schnitt zwischen Blühbeginn und Vollblüte. Wenn man in der vorgeschlagenen Weise verfährt, widerstreiten sich futterwirtschaftliche Erfordernisse und anbautechnische Rücksichten am wenigsten, ist die Koppelung höchster Nährwertleistung und schonender Bestandesbehandlung am meisten gewahrt. Der erste Schnitt fällt in die Blühmitte, der zweite in die Vorblüte und der dritte in die Vollblüte.

Vergrasung und physikalische Bodendegeneration werden weniger bestimmt von der Intensität der Pflegemaßnahmen als von der Wuchskraft der Luzerne, und die physiologisch ausgerichtete Schnittnutzung ist maßgebend für Gareerhaltung und den Grad des „Vermögens zur Selbstreinigung". Will oder muß man auf leicht verhärtendem Standort mechanisch pflegen, dann wird man vom zweiten Nutzungsjahre ab unbedenklich und mit Vorteil für Unkrautabwehr, Bodenlockerung und Gareintensivierung n a c h d e m e r s t e n S c h n i t t die Grobegge im Gegenstrich ansetzen. Falsch ist die Frühjahrs- und Herbstbearbeitung und grundfalsch die Bearbeitung bei nasser Witterung. Auf guten Beständen in den besten Jahren leistet in sachkundiger Hand artgemäße Schnittnutzung das gleiche und mehr als ein verschwenderischer Pflegeaufwand mit Hacke und Egge [5]. Auf dem Universitätsgut Kötschau sieht die Luzerne weder Egge noch Grubber noch Hackmaschine. Sie bringt gleichwohl, allerdings auf luzernegünstigem Standort, gute Grün- und Heuerträge, weil die luzernespezifischen Rücksichten grundsätzlich eingehalten werden: günstige Unterfruchtstellung und starke herbstliche Entwicklung im Ansaatjahre; im ersten Nutzungsjahre nur zwei Vollblütenschnitte; späterhin nur dreijährige und im Jahresablauf nur

dreischürige Nutzung; Entnahme jungen, eiweißreichen Futters nur vom ersten oder zweiten Schnitt, dagegen lange, sieben- bis achtwöchige und längere Schnittpause zwischen dem zweiten und dritten Schnitt; Einschieben einer Ruhepause bis zur Vollblüte immer dann, wenn nachlassende Wüchsigkeit und steigende Verunkrautung diese angezeigt erscheinen lassen. Im letzten Nutzungsjahre entfallen selbstverständlich alle Rücksichten schonender Behandlung.
Die Nichtbeachtung der besonders durch KLAPP in verdienst- und mühevollen Versuchen und Beobachtungen erarbeiteten Erkenntnisse über die Bestandespflege der Luzerne und ihre physiologische Begründung wirkt sich in Wurzelrückbildung, Pflanzenverlusten, starker Vergrasung und Verunkrautung sowie frühem Nachlassen der Leistung aus. In gleicher Richtung wirken ungeeignete Herkünfte, falsche Standortauswahl, starkes Befahren, Beschattung durch Reuter, vor allem aber häufiges und kurzfristiges Schneiden.

Fragen der Nutzungsdauer

Höchste Luzerneerträge, solche von 600 dz/ha Grünmasse bzw. 120 dz/ha Heu, verbürgt nur die dreijährige Nutzungsdauer. Sie ist die wirtschaftlichste Methode. In ihrem 3. und 4. Lebensjahre, also im 2. und 3. Nutzungsjahre, steht die Luzerne in Volleistung. Im 4. Nutzungsjahre setzt bereits der naturgesetzliche Alterungsprozeß und mit ihm der Leistungsverfall ein. Die Gründe des Alterns sind folgende: Lange Winterruhe und N-Anreicherung fördern die Verunkrautung (Löwenzahn) und besonders die Wildberasung mit wintergrünen Unkrautgräsern (Jährige und Gemeine Rispe sowie Deutsches Weidelgras, weiche Trespe und verschiedene andere Unkrauttrespen); auch der gesündeste Ackerboden degeneriert infolge unterlassener Bearbeitung unter einer Dauerkultur; es treten von Jahr zu Jahr steigende Pflanzenverluste durch Pilz- und Bakterienbefall und durch die Wintereinflüsse ein. Durch Beachtung der Nutzungsregeln kann man den Alterungsprozeß in Grenzen verlangsamen, aber niemals aufhalten. Auf einem überalterten Bestand sind schließlich auch Vorfrucht- und Kulturwert für die Folgefrüchte erheblich beeinträchtigt. Nur unter einem guten, bodenabschirmenden Bestand erreichen die luzernespezifischen Fruchtbarkeitsmerkmale und Fruchtbarkeitseigenschaften ihr Höchstmaß und gelangt sie selbst zu höchster Lebensleistung. „Man muß umbrechen, wenn es einem leid tut.“

Rotklee

Er ist die flächenmäßig führende deutsche Ackerfutterpflanze und bedeckt trotz geringerer Leistung, aber infolge des überwiegend humiden Einschlags der deutschen Klimatik eine viermal so große Fläche wie die Luzerne. In allen Grenz- und Übergangslagen ist er der Träger der Sommerstallfütterung und bildet dort mit Futterrüben und Wiesenheu die Futtergrundlage.

Flächenbedarf

Je RVE sind 40 dz = 16 a Rotklee erforderlich, in einer Wirtschaft mit 10% Grünlandanteil und bei normalem Viehbesatz etwa 10 Ackeranteile, die sich bei Berücksichtigung der Pferde auf 13 Anteile erhöhen.

Standortsforderungen und weitere Fragen um den Rotklee

Der Begriff der „Rotkleefähigkeit“ gilt heute nicht mehr im früheren Sinne. Ein gewisser Extensivcharakter läßt ihn der steigenden Kultur, namentlich der mit dem Rübenbau verbundenen tiefen Lockerung des Ackers, weichen und begründet unter der Voraussetzung ausreichender atmosphärischer Feuchtigkeit seine weitgehend landschafts- und bodenunabhängige Allgemeinbedeutung in den höheren Lagen Mitteldeutschlands. Der Luzerne weicht er um so mehr, je mehr sich die Bedingungen denen der klimatrockenen, steppenartigen Regenschattenlage nähern.

Der Rotklee ist gut untersaatverträglich und läßt sich bei seinem hohen, vor allem jährlich gegebenen Vorfruchtwert bei Beachtung einer 7–8jährigen kleefreien Pause — auch Kleeuntersaaten-Zwischenfrucht! — leicht in jede Fruchtfolge eingliedern. Der Rotklee ist eine gute und leistungsfähige Futterpflanze, aber nicht die ertragreichste und auch nicht absolut zuverlässig — bei nicht sachgemäßer Einsaat Vertrocknen der Ansaaten, Vernichtung durch Lagergetreide, Versagen im 2. Schnitt. Zu erstreben ist deshalb im Rahmen der Wirtschaften in der Grenz- und Übergangslage unter sorgfältiger Standortauswahl sein teilweiser Ersatz durch die zuverlässigere und leistungsfähigere Luzerne. Trotz guter Tiefen- und Breitenwirkung ist das Wurzelsystem des Rotklees wenig leistungsfähig und macht ihn im Gegensatz zur Luzerne stark niederschlagsabhängig.

Saatbettvorbereitung und Düngung

Der Rotklee liebt ein mehr festes Bodengefüge. Da er grundsätzlich als Unterfrucht steht, muß man sich um ein gartenmäßiges Saatbett mit Schluß in der Unterkrume bemühen, d. h. man darf im Frühjahr zur Saatbettvorbereitung für Getreide tiefwirkende Geräte nicht einsetzen. — Auf geordneten Kalkzustand und schwach saure bis neutrale Reaktion ist besonders auf den geologisch nicht kalkreichen Standorten zu achten. Die Überfrucht erhält bei mäßig herabgesetzter N-Düngung eine um 50% über ihren eigenen Bedarf erhöhte Kali-Phosphorsäuredüngung. Zum Nutzungsjahre wird dem Jungbestand im Herbst oder in einer „offenen“ Winterperiode je ha 2 dz 40%iges Kali + 3 dz Thomasmehl gegeben. Düngung mit Stickstoff oder Wirtschaftsdüngern im Nutzungsjahre gilt als absolute Fehlmaßnahme — Vergrasung und Beeinträchtigung der N-Sammlung ohne jegliche Mehrleistung sind dann die Folge.

Einsaatfragen, insbesondere die besten Verfahren

Mit einigen artbedingten Abweichungen sind die gleichen Grundsätze maßgebend und auch etwa die gleichen Einsaatverfahren üblich wie bei der Luzerne. Erfolgsbedingend ist auch hier die starke Wurzelentwicklung im Herbst des Ansaatjahres, und entscheidend hierfür sind immer Anschluß an die Winterfeuchtigkeit und deren Ausnutzung. Die Möglichkeit zu rechtzeitiger Einsaat bestimmt deshalb weitgehend den Wert der verschiedenen Überfrüchte und Methoden. Bedenken wegen Spätfrostgefährdung bestehen bei den Trifolium-Arten nicht. Geordnet nach dem Grade ihrer Sicherheit und Leistung folgen nacheinander:

1. Die Einsaat in reifenden Roggen. Im erstmöglichen Augenblick, auf gut vom Frost gelockertem Boden ohne jegliche Vorbereitung werden zwischen die Reihen mit mäßig beschwerter Maschine 24 bis 30 kg je ha Rotklee eingedrillt. Bei Eintritt des walzfähigen Zustandes walzt man an. Das ist wohl die beste und sicherste Methode. — Man kann auch so verfahren: Zwischen dem 20. Februar und 10. März sät man breitwürfig und in völliger Unabhängigkeit von Witterung, Bodenzustand und Einbringungsmöglichkeit, aber bei möglichst ebenem Gelände den Kleesamen. Der Boden darf gefroren, auch leicht schneebedeckt sein. Schneeschmelze und zeitige Frühjahrsniederschläge bringen den Samen gerade in die richtige Tiefe. Die N-Kopfdüngung des Roggens muß 14 Tage vor der Klee-Einsaat erfolgt sein. Sicherungsmomente sind Ausnutzung der Winterfeuchtigkeit und Frühjahrsregen. Doch scheint das Verfahren des Eindrillens in den Roggen, sobald es der Boden ohne garemäßig strukturelle Schäden gestattet, besser zu sein.

   Brauchbar als Überfrucht ist auch die Wintergerste. Eine Konzession an die Bedürfnisse beider Partner ist es, unter Verzicht auf Hackpflege, den weitgehend unkrautfreien Wintergerstenacker frühestmöglich zu cambridgen, den Klee breitwürfig einzusäen und mit dem leichten bis mittleren Striegel unterzubringen. Noch günstiger, vor allem unter trockenen Bedingungen, dürfte es sein, nach einem rechtzeitigen Cambridgen zu striegeln und dann zwischen die Reihen zu drillen. Auch hier ist der Schnitt der Gerste in nur mäßig überschrittener Gelbreife wichtig, um verdämmende Kulturverunkrautungen durch Ausfall zu vermeiden. In dem Bemühen, die Kleesaat möglichst in den vollen Genuß der Winterfeuchtigkeit kommen zu lassen, folgt als nächstes Verfahren

2. die Einsaat in frühbestellte Sommergerste zur Zeit des „Spitzens“ der Saat. Das geschieht in der gleichen Weise wie bei der Luzerne: Einige Tage nach der Saat der Gerste Bearbeitung mit einer dreiteiligen Cambridge-Walze und einem halbschräg gehenden „Blind“-Striegel; beim „Spitzen“ entgegengesetzt-schräg wirkender Striegel und Drillen zwischen die Reihen. Man kann beim bzw. unmittelbar vor dem „Spitzen“ auch breitwürfig säen und anschließend striegeln — die frühestmögliche Einsaat in Roggen und die Einsaat in spitzende Sommergerste sind die besten und sichersten Verfahren. Schon eine ganze Stufe tiefer stehen

3. die Einsaat in frühbestellten Hafer beim „Spitzen“ nach der gleichen Methode wie bei der Sommergerste und das gemeinsame Ausdrillen von Sommergerste und Klee. Starke Schattenwirkung, vor allem wasserwirtschaftliche Konkurrenz und späte Feldräumung empfehlen den Hafer weit weniger als die Sommergerste. Das gemeinsame Ausdrillen von Sommergerste und Klee erfolgt in der gleichen Weise wie bei der Luzerne. Nachteilig sind der ober- und unterirdische Wettbewerb der in einer Reihe stehenden Über- und Unterfrucht und der Fortfall der Striegelpflege. Vorteilhaft sind die frühe Saat und der Umstand, daß die auflaufende Sommergerste der Kleesaat den Weg bahnt, so

daß bei feuchter Witterung der Klee aber dann häufig durchwächst und die Getreidetrocknung erschwert. Am meisten witterungsabhängig und daher am unsichersten, leider am gebräuchlichsten ist

4. das Eindrillen in Sommergerste nach beendeter Hackpflege. Nach der Hackmaschine folgt schräg zu den Drillreihen der Striegel. Dann wird der Klee in den gelockerten Boden gedrillt. Dieses Verfahren berücksichtigt ausschließlich die Bedürfnisse der Überfrucht, verschafft dieser einen erheblichen Wachstumsvorsprung und überläßt die Unterfrucht der Gunst oder Ungunst der folgenden Witterung. Es ist die Ursache des häufigen Mißlingens der Kleesaaten in Trockenlagen. Stoppelkleenutzung entfällt fast immer, und auch im Nutzungsjahre kommt der Rotklee infolge geringer Speicherung von Wurzelassimilaten im Herbst vorher nicht zu seiner vollen Leistung. Alle an sich schon großen Nachteile dieser Einsaatmethode werden bei Verwendung von Hafer als Überfrucht noch erheblich verschärft, weshalb diese Überfrucht im allgemeinen als ungeeignet bezeichnet werden kann.

5. Blankansaat nach einer frühräumenden Erstfrucht. Insgesamt begrenzt sich dieses witterungsabhängige Verfahren auf Bezirke mit langem und günstigem Herbst. Sein Sicherheitsgrad ist um so höher, je früher die Erstfrucht das Feld räumt und je biologisch hochwertiger sie war. In einem trockenen Herbst und auf schwerem Boden gelingt oft die Herstellung eines „gartenmäßigen" Saatbettes mit optimalen Keimbedingungen nicht.

Insgesamt betrachtet, wirkt sich jede Stufe stärkerer Überfruchtentwicklung in einer sich verschärfenden Stufe geringerer Unterfruchtentwicklung aus. Im Mittelpunkt einer jeden Wirtschaft stehen der Viehstall und seine Bedürfnisse. Der Rotklee ist in den Rotkleebezirken der Träger der Sommerstallfütterung, und im Hinblick auf den Gesamtbetriebserfolg kommt es auch hier keineswegs auf den letzten Zentner von der Überfrucht an. Man muß sich zu dem unter den jeweiligen Bedingungen vollkommensten Einsaatverfahren entschließen und auch sonst die Bedürfnisse des Rotklees — verringerte Saatstärke und herabgesetzte Stickstoffdüngung der Überfrucht — berücksichtigen, auch wenn sie zu deren Lasten gehen.

Pflege des Rotklees

Auch bei ihm soll die Praxis der Pflege aus seiner Physiologie heraus gefolgert werden.

Der Rotklee stellt in vielerlei Hinsicht das Gegenstück der Luzerne dar. Er ist Extensiv-, die Luzerne Intensivpflanze. Der Rotklee liebt einen strukturfesten, die Luzerne einen strukturlockeren Boden. Die zunehmende Rotkleeunsicherheit und die im Gegensatz dazu aber steigende Luzernesicherheit in den Rübenwirtschaften erklären sich aus den rotkleefeindlichen Einflüssen fortschreitender Allgemeinkultur, im einzelnen aus der mit der Tiefkultur verbundenen Lockerung des Untergrundes, dem zunehmenden Humusgehalt, der steigenden Alkalität, den stärker schattenden, weniger Licht und Luft durchlassenden Überfruchtbeständen. Ein weiterer Rotklee-Luzerne-Gegensatz ist die unterschiedliche Art der oberirdischen Triebbildung. Im Spätherbst zieht der Rotklee durch Wurzelverkürzung den Wurzelkopf mit den Basalknospen in den Boden. Im Frühjahr verzweigt er sich aus diesen Knospen, also im Gegensatz zur oberirdischen und deshalb empfindlichen Triebbildung der Luzerne aus dem in den Boden verlagerten Wurzelkopf. Und noch ein dritter, wenigstens teilweiser Gegensatz: beide wollen mit starker unterirdischer Entwicklung in den Winter gehen, der Rotklee jedoch mit geringem oberirdischem, d.h. vorher entferntem Aufwuchs, während ein guter herbstlicher Aufwuchs für die Luzerne nicht gerade notwendig ist, aber als Schneefang und Schutz gegen Strahlungsfröste die Wintersicherheit erhöht. Also stehen sich gegenüber:

Rotklee	Luzerne
strukturfester	strukturlockerer Standort
unterirdische	oderirdische Triebbildung
bei beiden starke unterirdische Wurzelbildung, aber	
Wintergefährdung durch starke oberirdische Herbstentwicklung	winterliche Sicherung durch starken herbstlichen Aufwuchs

Aus diesen Gegensätzen erklären sich auch die Gegensätze in Pflege und Nutzung.

Bevorzugung eines festen Standortes und in den Boden verlagerte Erneuerungsvorgänge machen den Rotklee im Gegensatz zur Luzerne zu einer Weidepflanze. Die unterirdische Triebbildung begründet weiterhin seine Eggenverträglichkeit und seine Unempfindlichkeit gegen tieferen Schnitt. Die praktische Pflege gestaltet sich dadurch sehr einfach. Das wirksamste Mittel gegen Kleekrebs und Wintergefährdung und für eine gute Rotkleeentwicklung und -leistung ist außer der langjährigen Anbaupause die Herbstbeweidung des Stoppelklees, besonders eines stark entwickelten. Der Rotklee muß auf starker Wurzel, mit weidegekürztem Aufwuchs und auf gefestigter Ober- und Unterkrume in den Winter gehen. Will oder kann man nicht weiden, dann muß man den Stoppelklee — nicht zu spät! — durch Schnitt nutzen und anschließend stark walzen. Zurückgebliebene Bestände kann man bei allerdings erhöhter Mäusegefährdung durch winterliche Abdeckung mit organischem Abfallmaterial wirksam fördern, nicht jedoch durch eine vergrasungsgefährdende Stallmistdecke [6]. Auf dem Rotkleeacker wird im Frühjahr bei lockerem, frostgehobenem Boden zuerst gewalzt und anschließend geeggt. Auf an sich festem Boden wird nur geeggt. Das ist die ganze Rotkleepflege, die man noch durch eine physiologisch richtige Schnittnutzung unterstützen kann. Den höchsten Nährwertertrag bei gleichzeitig voll leistendem Zweit- bzw. Drittschnitt verbürgt der Schnitt in der annähernden Vollblüte. Vorzeitiger Schnitt beeinträchtigt den Nachwuchs. Bei Grünnutzung läßt sich das nicht vermeiden, betrifft aber immer nur Teilflächen. Der Zusammenhang ist ähnlich wie bei der Luzerne — auch der Rotklee verwendet die im ersten Lebensjahre gespeicherten und im zweiten Jahre bis zur Blüte gebildeten Assimilate zu seinem oberirdischen Aufbau. Erst mit Blühbeginn findet die Stoffverlagerung nach dem Wurzelspeicher statt. Ein Vorblütenschnitt trifft also eine stark verausgabte Pflanze und beeinträchtigt deren erneuten Austrieb.

Ersatzmöglichkeiten für mißratenen Rotklee

Sie können aber den Rotklee niemals vollwertig ersetzen

I. Im Nachsommer, also bei Mißlingen der Ansaat:

1. Neubestellung des Rotklees in Blanksaat auf einem geeigneten Acker im Gemisch mit 4 kg/ha Welschem Weidelgras: Sofortige, sehr sorgfältige Schälfurche, gute Krümelung bei starker Bodenfestigung und frühestmögliche Einsaat.
2. Reinsaat von 50 kg/ha Welschem Weidelgras: „Gartenmäßige" Saatbettvorbereitung und Aussaat am 20. August. Diese Maßnahme ist sicherer.
3. Winterfutterbau mit Grünroggen, Wickroggen und Landsberger Gemenge. Es folgen Erbsen-Wicken-Gemenge und Grünmais in Zweitfruchtstellung oder man sät in Untermischung mit dem Grün- bzw. Wickroggen bereits im Herbst 8–10 kg/ha Welsches Weidelgras und im Frühjahr frühestmöglich und zwischen die Reihen in den Grün- bzw. Wickroggen 25 kg/ha Rotklee. Man hat dann im Herbst einen sehr sicheren und reichlichen Stoppelschnitt, den man je nach Wirtschaftsbedürfnis entweder umpflügt oder zur Nutzung für das nächste Jahr stehen läßt.

II. Im Frühjahr, also bei Auswinterung:

1. Blankansaat von 44–50 kg/ha Westerwoldischem Weidelgras. „Gartenmäßiges" Saatbett und frühestmögliche Saat. Das hat den rotkleeähnlichen Vorzug von rasch, in etwa 6-wöchigen Abständen aufeinanderfolgenden zwei, bei günstigen Niederschlägen und N-Düngung sogar drei Schnitten.
2. Erbsen-Wicken-Gemenge in zweimaliger Folge. Es ist teuer und zufolge rascher Veralterung auch in der zeitlichen Schnittnutzung weniger zweckmäßig. Günstiger dürften an der Stelle des zweiten Erbsen-Wicken-Gemenges Sonnenblumen sein.
3. Einmal Erbsen-Wicken-Gemenge als Ersatz des ersten Rotkleeschnittes und als Ersatz des zweiten sofort schon beim Drillen des Erbsen-Wicken-Gemenges ein schnellwachsendes Gemenge, je ha 34 kg Westerwoldisches Weidelgras + 4 kg Schwedenklee, breitwürfig einsäen.
4. 200 bis 250 kg/ha Hafer zur Grünnutzung. Das stellt eine Notmaßnahme dar, besonders bei starkem Saatgutmangel, für feuchtere Lagen mit besseren Böden im regenreichen Mittelgebirge. Reichliche Stickstoffdüngung – auch Jauche – ist erforderlich. Bei erstmaliger Nutzung schon bei 25 cm Wuchshöhe ergibt sich nach erneuter Stickstoffdüngung und günstigen Niederschlägen ein lohnender Zweitschnitt, den man höher wachsen läßt. Wenn man gleichzeitig mit der Einsaat des Hafers oder bei dessen „Spitzen" Klee oder ein Klee-Gras-Gemenge einsät, dann ist kurzfristig genutztes Sommer-Grüngetreide in feuchten Lagen eine gute Überfrucht. Nach der zweimaligen Grün-

nutzung des Hafers ergibt der Hafernachtrieb noch einen Weidegang und das Gemenge einen nochmaligen Weidegang, bei ausreichenden Niederschlägen sogar einen Herbstschnitt.

Alle späteren Nachsaaten in lückige Bestände, z. B. mit Welschem Weidelgras, setzen eine sehr gründliche Saatbettvorbereitung auf den Fehlstellen, reichliche Düngung, gutes Einbringen und zur Verhütung des Verdämmens durch die älteren Rotkleepflanzen einen frühen Erstschnitt voraus und mißlingen trotzdem häufig. Umbruch und Neuansaat sind meist besser.

Abschließendes zum Rotklee

Von einem durchschnittlich gelungenen Rotklee darf man in zwei Schnitten je ha 300 dz Grünmasse oder 60 dz Heu erwarten. Die Luzerne ist um 30–50% überlegen und vor allem zuverlässiger in den Nachschnitten. Rotkleebau dort, wo Luzerne sicher wächst, ist ein grundsätzlicher Fehler. Man wird sich im Gegenteil bemühen, in der Übergangs- und Grenzlage den Rotklee auf Teilflächen durch die Luzerne zu ersetzen. Andererseits bauen gut disponierende Viehwirte auch im prädestinierten Luzernegebiet aus fütterungstechnischen Gründen auf einer Teilfläche der Luzerne Rotklee an (besseres Milchviehfutter). Sie haben mit dieser Maßnahme dann recht, wenn sie auf vorfruchtbegrenztem Standort den jährlich gegebenen Vorfruchtwert des Rotklees berücksichtigen und außerdem sich bemühen, die Leistung des Rotklees derjenigen der Luzerne zu nähern: Stoppelkleenutzung im Ansaatjahre, im Hauptnutzungsjahre zweimalige Mähenutzung sowie Weidenutzung des dritten Aufwuchses vor dem Umbruch, also insgesamt viermalige Nutzung gegenüber der sonst üblichen nur dreimaligen der Luzerne.

Wiesenheu

Es soll nur dasjenige, meist etwas verwahrloste Grünland zur Erörterung stehen, das bei geordneter Wasserführung, noch guter Narbe und kulturell-strukturell gesundem Boden mit den Mitteln normaler Grünlandfürsorge kurzfristig zu durchschnittlichen Leistungen von 60 dz/ha Heu gebracht werden kann. Es sind das vornehmlich die Wiesen der natürlichen Grünlandbezirke in den graswüchsigen, humiden Höhenlagen und in den Flußtalungen, letztere soweit sie nicht unter Nässe leiden.

Flächenbedarf

Je Heufressereinheit sind zur Sicherung der winterlichen Heufütterung 10 dz erforderlich, bei 60 dz/ha Heuertrag 17 a. Bei durchschnittlichem Viehbesatz entspricht das 10 Anteilen Dauergrünland an der LNF oder einem Grünland-Acker-Verhältnis von 1 : 9.

Maßnahmen der grünlandspezifischen Kulturfürsorge

In der Narbe des Dauergrünlandes im natürlichen Grünlandbezirk sind auf wasserwirtschaftlich gesundem Standort auch bei kultureller Vernachlässigung alle standortsgemäßen Gräser und Kleearten vertreten, allerdings im Kümmerzustand. Für sie nährstoffmäßig und strukturell die günstigsten Lebensbedingungen zu schaffen, ist die ganze Kunst der Grünlandbewirtschaftung. Erforderlich sind Meliorationsbehandlung sowie ständige Düngung und Pflege.

Meliorationsbehandlung. Im Nachsommer oder im zeitigen Frühjahr bei trockener Narbe, aus welcher der Tau verschwunden ist, je ha 8—10 dz Branntkalk, 3 dz 40%iges Kali und 4 dz Thomasmehl, und zwar mit Rücksicht auf die meist starke Vermoosung in Verbindung mit einer anschließenden einmaligen scharfen Eggenpflege. Im graswüchsigen, humiden Bezirk stellt sich der Erfolg schon im ersten Jahr ein und ist überraschend.

Ständige Düngungs- und Pflegemaßnahmen. Sie folgen nach der Meliorationsbehandlung. Zu ihnen gehören:

1. Die Zufuhr von humusschaffendem Material. Sie ist eine entscheidende Kulturmaßnahme. Erwünscht und fördernd ist jegliche Form der Humuszufuhr, nicht nur Stallmist und Kompost, die in 3- bis 4jähriger Wiederkehr das Dauergrünland in den engeren Nährstoffkreislauf der Wirtschaft einzubeziehen haben, sondern auch Abdeckung mit organischem Abfallmaterial in den Zwischenjahren. Auf der Wiese mit ausschließlicher Schnittnutzung läßt sich nur die als Wärmeschutz sehr wirksame Winterabdeckung durchführen. Mit der Kürze der zeitlichen Intervalle der Zufuhr steigt die Intensität der Kulturwirkung. Als besonders fördernd erweist sich im Frühjahr die Arbeit einer geeigneten Schleppe, die das angerottete Material wenigstens teilweise zerreibt und — eine leichte Humusdecke bildend — gleichmäßig in die Narbe verteilt. Der leichte Humusschleier stellt den „Nährboden" für die Erneuerungsvorgänge der Narbe dar, für die Ausläuferbildung der wertvollen Untergräser und Kleearten und damit für die Narbendichte. Die Menge des zurückbleibenden Materials bestimmt den Wirkungsgrad der Maßnahme.
2. Die Überführung weidefähiger Wiesen von der ausschließlichen Mähenutzung in die gleichzeitige Mähe-Weidenutzung. Neben der Humusversorgung ist sie die stärkste kulturelle Wirkungsmöglichkeit. Die Beweidung erfolgt vor und nach den Schnitten, und zwar bei ständig sich verbessernder Narbe ohne wesentliche Beeinträchtigung der Heuleistung: ein Frühjahrsweidegang, zwei Schnitte, ein Herbstweidegang, insgesamt viermalige Nutzung. Von der dauernden, meist verspäteten und zu sparsamen Mähenutzung geht in erster Linie die starke Verunkrautung der Wiesen aus. Sie läßt die durchschnittlich frühblühenden minderwertigen Gräser und anderen Unkrautpflanzen zur Samenreife, zum Ausfall und damit zu dauernder Vermehrung kommen. Dagegen nähert die kombinierte Mähe-Weidenutzung die Wiese in Botanik, Futterwert und Leistung der Narbe einer guten Weide.
3. Der systematische und ausreichende Nährstoffersatz. Entscheidend sind die gesunde Kalkversorgungslage, welche die Reaktion im mäßig sauren bis knapp neutralen Bereich zu halten hat, und die jährlich wiederholte Düngung mit 2 dz/ha 40%igem Kali und möglichst 3 dz/ha Thomasmehl. Für die Stickstoffdüngung ist die Nutzungsweise maßgebend. Wiese und Weide sind hier Gegensätze. Eine gute, nur zweischürig genutzte und nicht beweidete

Naturwiese im Grünlandbezirk wird durch Stickstoff in Narbe, Kultur und Leistung kurzfristig vernichtet. Die gute Wiese im Grünlandbezirk erhält bei ausschließlicher Mähenutzung überhaupt keinen Handelsstickstoff. Eine gute, leistungsfähige Umtriebsweide aber muß in bezug auf den Stickstoff wie die Zuckerrübe behandelt werden. Bis zu 100 kg/ha Reinstickstoff in mehrfacher, der jahreszeitlichen Wuchskraft angepaßter Verteilung sind durchaus nicht übersteigert. Die Mäheweide steht in der Mitte, sie braucht je ha 40 bis 80 kg Reinstickstoff. Bei überwiegender Mähenutzung muß man sich der niedrigeren, bei überwiegender Weidenutzung der höheren Gabe nähern. Die Unterschiede erklären sich aus der Wirkung des N auf den Gräserbestand, insbesondere den der Obergräser; letztere werden bei reiner Mahd durch den Stickstoff so stark gefördert, daß sie Untergräser und Kleearten verdämmen. Es tritt Fehlstellen- und Lückenwirkung ein. Auf der Weide entfällt durch den dauernden Verbiß die Unterdrückung durch das Obergras. Hier ist die starke N-Düngung das wesentlichste Förderungsmittel.

Zusammenfassend sei hervorgehoben, daß bei geordnetem Wasserhaushalt die Leistungssteigerung auf dem Dauergrünland gar nicht schwer ist: Beseitigung der oft starken Vermoosung vernachlässigter Flächen durch Kalkung und schwere Egge, die späterhin nichts mehr auf dem Dauergrünland zu suchen hat, und eine Meliorationsdüngung mit Kali und Phosphorsäure als erste Maßnahme; außer der systematisch alle 3 bis 4 Jahre wiederkehrenden Düngung mit Stallmist oder Kompost in den Zwischenjahren im Spätherbst Zufuhr von jeglichem organischem Abfallmaterial (Rapsstroh, Rübensamenstroh, Kartoffelkraut, Abfallstroh), das nach seiner Verrottung, als Isolierdecke wirkend, die spezifische Struktur des Dauergrünlandes schützt und den „Nährboden“ für die fortlaufenden Erneuerungsvorgänge in der Narbe, besonders für die ausläufertreibenden Arten, schafft; möglichst noch kombinierte Mähe-Weide-Nutzung — alle wertvollen Dauergrünlandpflanzen bevorzugen einen strukturell festen, die weniger wertvollen Pflanzen und Unkräuter aber einen lockeren Standort; schließlich eine in ihrer Höhe an der Nutzungsweise orientierte Stickstoffdüngung auf ausreichender Kaliphosphatgrundlage — Tritt und Biß der Tiere verhindern eine nachteilige botanische Bestandesverschiebung und stellen automatisch die ertrags- und gütemäßig beste Beziehung zwischen den Grünlandpflanzen her.

Das zur systematisch geweideten Wiese Gesagte gilt erst recht für die eigentliche Weide. Die kulturellen Einflüsse des Weidegangs — Bodenfestigung und Förderung des Narbenschlusses bei stark hervortretendem Untergräser- und Kleebestand — treffen hier in vollem Umfange zu. Man braucht sie nur zu unterstützen durch folgende Maßnahmen: früher Austrieb; kurzfristiger Umtrieb bei kurzen Freßzeiten und langen, etwa 18-tägigen Ruhepausen; Verteilung der Fladen und Reinigungsschnitt nach dem Abtrieb; auf ausreichender Kali-Phosphorsäure-Grundlage zuckerrübenähnliche N-Düngung in mehrfacher, dem Wuchsrhythmus der Narbe angepaßter Verteilung; systematisches Einschieben von Mähenutzung zur Gewinnung von Winterheu und Förderung des Bestandes der Obergräser. Auf frischem, weidespezifischem Standort entsteht dadurch eine leistungsfähige Narbe von selbst, die in der Weideperiode 7 und mehr Umtriebe hergibt.

Futterrüben

Sie sind als winterliche Saftfuttergrundlage und Stärkewertträgerinnen in keiner Wirtschaft entbehrlich.

Flächenbedarf

Es werden je RVE 40 dz benötigt, bei 600 dz/ha also 7 a. Bei durchschnittlichem Viehbesatz sind das im Luzernegebiet 3,5 und im Grünlandgebiet bis zu 5 Ackeranteile.

Neuzeitlich vervollkommnete Anbautechnik

Auch die Futterrübe steht als absolute Futterpflanze unter dem „Gesetz der kleinsten Fläche". Man muß sich bemühen, durch höchste Flächenleistung die für 1 RVE benötigte Fläche möglichst niedrig zu halten bzw. bei Beibehaltung der bisherigen Fläche auch die anderen Nutztiere, Pferde und gemäß der neueren fütterungstechnischen Entwicklung besonders die Schweine, mit Futterrüben zu füttern. Hier sollen nur die für Höchsterträge entscheidenden neueren Gesichtspunkte herausgestellt werden.

Saatzeit. Man kann das Ergebnis vierjähriger Saatzeitversuche, erhärtet durch Erfahrungen aus der Praxis des Großanbaues, etwa so formulieren: Der optimale Bestellungstermin liegt unter günstigen mitteldeutschen Bedingungen an der März-April-Wende. Eine Vorverlegung bis zu diesem Zeitpunkt, um 2—3 Wochen gegenüber dem bisherigen Saattermin, vom 18. April auf etwa den 31. März und die ersten Apriltage, erhöht den Ertrag um 16%, in unseren Versuchen je Tag und ha um 9 dz = 0,8%. Das gilt auch für die Zuckerrübe; und ganz allgemeingültig kann man sagen: Werden höchste Erträge erstrebt, muß man die Futterrübe, bis auf die artbedingten Abweichungen hinsichtlich herbstlicher Tieffurche, Standraumbemessung, Höhe der N-Düngung, völlig zuckerrübenähnlich behandeln.

Saatbettvorbereitung. Sie ist heute mehr getreideähnlich, aber etwas gründlicher. Man muß sich hüten, die im Herbst mit Stallmist gedüngte und sorgfältig gepflügte und im Winter ideal abgesetzte Unterkrume durch zu tief wirkende Frühjahrsbearbeitung in ihrer kapillaren Wasserführung zu stören. Als praktische Maßnahmen sind etwa zu nennen: frühestmögliche Bearbeitung, und zwar halbschräg zur Pflugfurche mit mittleren bis schweren Eggen und entgegengesetzt schräg mit der Schleppe; auf dem Schleppstrich die Grunddüngung, je ha 2 dz 40%iges Kali, 3 dz Thomasmehl, 3 dz Kalkstickstoff oder die gleiche Menge Superphosphat und schwefelsaures Ammoniak; anschließend folgen zwei sich entgegenwirkende Eggengänge und wiederum die Schleppe, dann eine mittlere Egge, die Cambridgewalze, eine Feinegge und schließlich die Drillmaschine mit Druckrollen. Statt der Druckrollen können besonders auf leicht abbindendem Boden eine leichte Cambridge-Walze mit einer Feinegge eingesetzt werden.

Pflege und Kopfdüngung. Man führt heute auch auf dem Rübenacker vor dem Aufgang eine „Blind"-Striegelpflege durch. Zurückzuführen auf die gegensätzlichen Bewurzelungsverhältnisse des monokotylen Getreides und der dikotylen Rübe hat die Striegelpflege des Rübenackers jedoch ihre sehr bestimmten Voraussetzungen:

1. Mäßig stärkere Saat — ca. 30 kg/ha — und mäßig tiefere Saat von ca. 3 cm, die ihrerseits einen nicht so leicht verkrustenden, milden, krümelbereiten Boden voraussetzt;
2. großknäueliges Saatgut über 3 mm Durchmesser mit einem starken Durchbruchsvermögen des kräftigeren Keims;
3. normal trockener und vor dem Striegel durch die leichte Cambridge gefestigter Boden, der den Striegel gleichmäßig flach angreifen läßt, ohne den Zinken zu den keimenden Rüben vordringen zu lassen;
4. leichter (Ull-)Striegel und langsames Arbeitstempo.

Am wichtigsten ist der zeitgerechte Striegeleinsatz, zum ersten Male ca. 8 Tage nach der Saat und, wenn die Witterung es zuläßt, zum zweiten Male, wenn die jungen Rübenkeime noch genügend tief unter der Bodendecke stehen.

Die Striegelgänge erfolgen in Gegenwirkung halbschräg. Kurz vor, bei und nach dem Auflaufen darf man in keinem Falle eggen. Nach dem Auflauf gibt man die erste N-Kopfdüngung, 1 dz/ha Kalkammonsalpeter, und dann geht die Hackmaschine über den Rübenacker, flach, etwa 3 bis 4 cm wirkend, mit scharfen Winkelmessern und Schutzrollen oder Holzschutzscheiben ausgerüstet. Bereits bei Bildung des zweiten eigentlichen Rübenblattes werden die Rüben verkrehlt. In angemessenen Zeitabständen erhalten sie in der Folge in intensiven Rübenwirtschaften dann noch drei Maschinenhacken, von denen jede folgende die vorhergehende etwas untergreift und die letzte etwa auf 8 cm Tiefe wirkt. Vor einer dieser Hacken, zu Anfang Juni, wird den Rüben die letzte N-Kopfdüngung in Höhe von 1 dz Kalk- oder Kalkammonsalpeter verabreicht. Kurz vor dem Bestandesschluß, zwischen der vorletzten und letzten Maschinenhacke, erfolgt die Rund-, Busch- oder Guthacke. Sie soll den Boden zwischen den Reihen lockern und vom letzten Unkraut befreien. Die letzte Maschinenhacke muß rechtzeitig vor dem Bestandesschluß und bei geringer Turgeszenz der Rüben, also nachmittags erfolgen. Manche alte Rübenbauer ersetzen die erste Maschinenhacke gleich nach dem Auflauf, wenn sie es arbeitswirtschaftlich ermöglichen können, durch eine Handhacke, und zwar sehr zum Vorteil für Unkrautreinheit und Ertrag. Neuzeitliche Pflege ist das entscheidendste Geheimnis des hochertragreichen Futterrübenbaues. Mit großem Vorteil ersetzt eine Wirtschaft im Nicht-Zuckerrübengebiet auf zuckerrübenfähigen bzw. zuckerrübenfähig zu machenden Teilflächen ca. $^1/_3$ ihrer normalen Futter-Rübenfläche durch Zuckerrüben.

Einmieten

An Stelle der schmalen, nur 1,5 m breiten und bis 1,5 m hohen und langen Miete mit viel Erde mietet man heute vielfach anders ein. Kennzeichnend ist die große Miete, nur mit Stroh und ohne Erde (Darstellung IX).

Die Miete wird sorgfältig aufgesetzt, unten 7 m breit und ca. 1,5 m hoch, wobei man oben so einzieht, daß die obere Kante nur eine Breite von 5 m aufweist. Die Länge ist beliebig, so daß eine solche Miete 2000 Ztr. und mehr enthalten kann. Nach Fertigstellung hat sie die geometrische Form eines abgeschnittenen Prismas.

Rund um die Miete setzt man dann Strohpreßballen dicht aneinander, so daß die Ballen die Oberkante der Rüben um gut 30 cm überragen. Über das Dach der

Darstellung IX

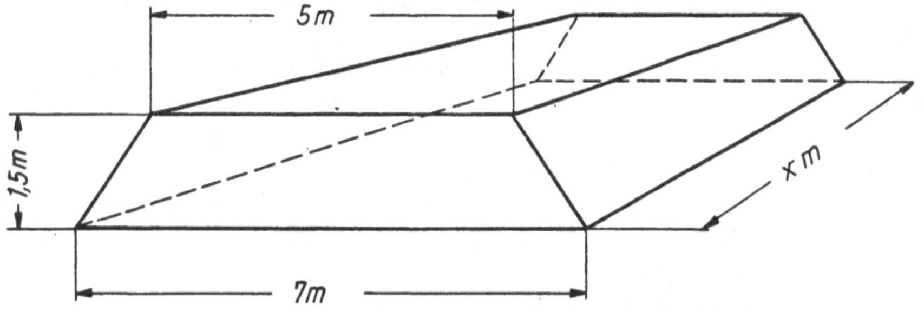

Miete wird eine ca. 30 cm hohe Strohschicht gebreitet und darüber eine mehrere cm hohe Schicht aus Gerstenkaff gebracht. Zuletzt wirft man über das Ganze etwas Erde, um das Stroh vor Windverwehung zu schützen. In dieser Großmiete kühlen die Rüben vor dem Winter gut aus und sind dann unter der dicken und dichten Strohdecke sowohl gegen Wärme als auch gegen Frost gut geschützt. Verluste traten bei dieser Aufbewahrung bis jetzt kaum ein. Außerdem bietet sie zwei ganz große arbeitswirtschaftliche Vorteile: keine Erdbewegung beim Einmieten und bei der Entnahme der Rüben im Winter.

Zwischenfrüchte

Der Zwischenfruchtbau ist gemäß der neuzeitlichen Entwicklung zum integrierenden Bestandteil des Futterbaues in jeder geordneten Wirtschaft geworden. Er bildet die notwendige Ergänzung des Hauptfruchtfutterbaues und ist eine Maßnahme, die nicht in das Belieben des einzelnen gestellt werden kann, sondern die man vielmehr in einem dem Bedürfnis der Wirtschaft voll entsprechenden Umfange durchführen muß.

Allgemeine Aufgaben des Zwischenfruchtbaues

Der Zwischenfruchtbau hat eine bodenkulturelle und eine futterbauliche Funktion. Bodenkulturell könnte man ihn kennzeichnen als Gründüngung neuen Stils mit den alten Zielen der Grünbrache und allen mit dieser Maßnahme erstrebten Teilwirkungen der Gründüngungsgesamtwirkung, nämlich: Humusschaffung und Nährstoffspeicherung; Nährstoffaufschluß einerseits und biologische Sorption andererseits; Umlagerung verspülter Grundnährstoffe und Basen, teilweise deren Überführung in den Nährstoffkreislauf der Wirtschaft; Bodenabschirmung, Schattenwirkung, Gare- und Feuchtigkeitsschutz, intensiviertes Bodenleben; Wurzeltiefenwirkung, Wegsamwerden des Untergrundes für atmosphärische Luft und Wärme und die Wurzeln der Folgefrucht, deren wasserwirtschaftlicher Anschluß an die Untergrundvorräte; Schaffung von gut verteiltem und dadurch biologisch besonders wirksamem Wurzelhumus; schließlich Unkrautbekämpfung sowie Bereicherung und Auflockerung der Fruchtfolgen. Insgesamt ist der Zwischenfruchtbau ein Kulturfaktor ersten Ranges. Die futterbauliche Aufgabe des Zwischenfruchtbaues ist dreifacher Art: grob quantitativ, zeitlich und qualitativ.

Quantitativ: Diese Aufgabe des Zwischenfruchtbaues ist am besten gekennzeichnet durch die Flächenbeziehung Zwischenfrucht : Hauptfrucht = 0,5 : 1, d. h. 1 ha Zwischenfrucht ersetzt 0,5 ha Hauptfrucht bzw. 1 ha Zwischenfrucht vermehrt das Hauptfruchtfutter um 0,5 ha.

Zeitlich: Die Zwischenfrucht liefert Grünfutter in der Zeit der Vegetation, in der die Hauptfruchtfutterschläge noch nicht bzw. nicht mehr lieferbereit sind. Sie ist unsere wichtigste Möglichkeit zur Verwirklichung der betriebswirtschaftlichen Forderung: lange Grünfutterzeit und äquivalent verkürzte Winterstallfütterung.

Qualitativ: Es ist die in den Abschnitten I und II begründete Aufgabe: Der Zwischenfruchtbau muß diejenigen Nährstoffe — Eiweiß oder Kohlehydrate — liefern, die dem landschaftsgebundenen Hauptfruchtfutterbau im Hinblick auf ausgeglichene Rationen in ausreichender Menge fehlen.

Einzelne Zwischenfrüchte

Aus der Vielfalt der im Zwischenfruchtbau bestehenden Möglichkeiten werden unter Verzicht auf die anderen nur diejenigen Zwischenfrüchte erörtert, die für eine in sich abgerundete Futterwirtschaft unerläßlich sind.

Winterzwischenfrucht

Sie ist die überall mögliche und landschaftsunabhängig sicherste Form des Zwischenfruchtbaues und zur Vorverlegung der Grünfütterung im Frühjahr unentbehrlich.

Flächenbedarf. Es sind je Kuh 9,5 a erforderlich, aufgeteilt in 3 a Grünraps, 3,5 a Grünroggen und 3 a Zottelwickengemenge. Bei durchschnittlichem Viehbestand beansprucht die Winterzwischenfrucht etwa 3 Ackeranteile, die sich in Wirtschaften mit 10% Grünland auf 4 Anteile erhöhen, bei höherem Grünlandanteil auch noch etwas darüber. Im Gegensatz zu den anderen Futterarten wird hier nur die Kuhzahl berücksichtigt, weil bei dem immer sicheren und guten Gelingen auch das Jungvieh und die übrigen Ställe beteiligt werden können und sich fast immer noch Überschüsse für die Silierung ergeben. Es gelten für die meisten mitteldeutschen Verhältnisse zwei Grundsätze: nur die genannten Primitivformen unter Ausschluß des gare- und feuchtigkeitserschöpfenden Landsberger Gemenges zu verwenden und sich auf den tatsächlichen Grünfutterbedarf zu beschränken! Diese Grundsätze werden vorgeschrieben durch Rücksichten auf die in Zweitfruchtstellung folgenden Hauptfrüchte Kartoffeln bzw. Silomais. Bei deren unmittelbaren Folge besteht keine Ausgleichsmöglichkeit für die vorausgegangene Gare- und Feuchtigkeitserschöpfung des Bodens — im Gegensatz zu den beiden anderen Zwischenfruchtformen, bei denen Herbstnässe und Winterfeuchtigkeit sowie winterliche Frostwirkung die Korrektur herbeiführen. Überschüssige Flächen gehen auf Kosten der Kartoffelernte der Wirtschaft. Weidewirtschaften kommen bei Frühweidegang mit der Hälfte der Fläche aus, etwa 4—5 a je Kuh.

Anbautechnische Sonderforderungen der Winterzwischenfrüchte. Maßgebend sind Saattermin und Saatbettzustand. Der Roggen wird für den Sonderzweck der Grünfutterlieferung mäßig vor dem Termin für reifenden Roggen, weitgehend landschaftsunabhängig zwischen dem 20. und 25. September, gedrillt. Grünraps und Zottelwicken dagegen fordern unnachgiebig den Saatzeitpunkt des reifenden Rapses, in der Grenzlage den 15., in der Übergangslage den 20. und in der klimatisch günstigen den 25 August.

Es ist naheliegend, die drei Winterzwischenfrüchte in der Reihenfolge ihrer späteren Schnittreife — Raps, Roggen, Wickroggen — nebeneinander anzubauen, und zwar grundsätzlich auf einem nächstjährigen Kartoffelacker. Vorfrucht wird in den meisten Fällen eine frühgeräumte Stoppelfrucht sein, da noch früher rämuende und gleichzeitig biologisch hochwertige Vorfrüchte für Winterraps, Wintergerste und sommerliche Stoppelsaat bereitgestellt werden müssen und daher für den Winterzwischenfruchtbau kaum verfügbar sind.

Gemeinsam ist sämtlichen drei Früchten die Forderung nach einem gartenmäßigen Saatbett. Entscheidende Bedeutung besitzt deshalb die sorgfältige und sofortige Saatfurche, möglichst mit gleichzeitiger Unterbringung eines kurzen, gut verrotteten Stalldüngers, bei motorischem Zug mit angehängter Notzonegge. Bei Gespannzug muß ein anderes zerkleinerndes, ebnendes und feinerdeschaffendes Gerät folgen. Sofort, d. h. solange sie noch pflugfrisch und abdichtungsfähig ist, wird die Saatfurche mit dem Grubber oder mit der langzinkigen Grobegge doppelt und im Gegenstrich durchgerissen, und zwar so, daß der erste Arbeitsgang im spitzen Winkel zur Pflugrichtung wirkt und der zweite den ersten etwa im rechten Winkel trifft. Es folgt längs zum Acker ein Schleppstrich, auf den man die für Winterzwischen- und Spätsaathauptfrucht berechnete Grunddüngung (je ha ca. 3 dz 40%iges Kali und 4 dz Thomasmehl) bringt und untereggt. Die Zeit und atmosphärische Einflüsse, insbesondere ein dazwischen kommender Regen, bereiten den erstrebten abgesetzten und feinkrümeligen Saatbettzustand vor.

80 kg/ha Rein-N, $^1/_4$ im Herbst und $^3/_4$ im Frühjahr gegeben, sind weder ungewöhnlich noch das zulässige Höchstmaß. Zur unmittelbaren Saatbettvorbereitung verabreicht man die Herbst-N-Gabe in Ammoniakform und eggt mit doppelt und im Gegenstrich angesetzter mittlerer Egge, gefolgt von der Saategge, auf. Im engeren Zeitbereich des 15. bzw. 20. bzw. 25. August drillt man auf der linken Teilfläche in Getreidereihenweite ca. 14 kg/ha Raps und gleichzeitig auf der

rechten mit der ebenfalls im Getreideabstand stehenden Maschine, an der jedoch die geradzahligen Röhren geschlossen sind, 70 kg/ha Zottelwicken. Genau 4 Wochen später sät man auf der bislang leeren mittleren Teilfläche 160 kg/ha Roggen, und gleichzeitig drillt man auf der rechten Fläche mit der gleichen Maschine, an der aber jetzt die ungeradzahligen Röhren geschlossen sind, 120 kg/ha Roggen genau zwischen die Reihen der meist schwach aufgelaufenen Wicken. Eine besondere Vorbereitung für das Eindrillen des Roggens auf dem Wickenschlag ist kaum erforderlich, notfalls drillt man mit Gewichten. Dieses Verfahren gelingt immer und bringt bei ausreichender N-Kopfdüngung im Frühjahr hohe Erträge, beim Wickroggen mit einem hohen Anteil an Wicken in dem sich frisch und jung haltenden Roggen. Vorkommende Fehlschläge sind immer selbst verschuldet und überwiegend auf ein nicht ordnungsgemäßes Saatbett oder auf Saatverspätung von Raps und Zottelwicken zurückzuführen. — Zur Sortenwahl beim Grünroggen ist vielleicht noch zu sagen, daß der Petkuser eigentlich allen Anforderungen entspricht. Wenn man verfeinern will, ist der Bernburger Johannis- oder Futterroggen in Grünmasse und Rohprotein dem Petkuser um 13% überlegen und außerdem 5—6 Tage früher nutzungsreif. Er verlangt allerdings auch einen früheren, etwa mit der Zottelwicke und dem Winterraps übereinstimmenden Saattermin. Seine frühere Schnittreife verhindert seine Verwendung zu Wickroggen. Man müßte also für den Grünroggen Bernburger Johannisroggen mit etwas angehängtem Petkuser, für das Wickengemenge den später sich entwickelnden Bernburger oder Hohenthurmer Tetraroggen benutzen.

Mit Rücksicht auf die Zweitfruchtbestellung hat man die Winterzwischenfrucht nach obigem Vorschlag gern auf einem Feld. Sie steht meist nach Getreide. Der Grünroggen findet sich mit einer Stoppelvorfrucht ab. Bei Grünraps und Zottelwicken wirkt letztere aber ebenso ungünstig wie zu Körnerraps: unordentliches Saatbett, Saatverspätung, halbes Gelingen. Wenn man bei dieser entscheidenden Zwischenfrucht sorgfältig vorgehen will, muß man sich schon zu der Unbequemlichkeit einer Aufteilung auf zwei Schläge entschließen und für Grünraps und Zottelwickengemenge eine frühräumende und bessere Vorfrucht, etwa Erbsen oder Frühkartoffeln, suchen, die es gestattet, ein „gartenmäßiges" Saatbett termingerecht bis zum 25. bzw. 20. bzw. 15. August vorzubereiten. Das setzt voraus, daß außer für Winterraps und Wintergerste noch eine ausreichende Fläche biologisch hochwertiger und frühräumender Vorfrüchte (Frühkartoffeln, Erbsen- und Rapsstoppel) verfügbar ist. Auf die Stoppeln von Grünraps und Grünroggen folgen angekeimte Spätkartoffeln und auf die des Wickroggens Silomais in Zweitfruchtstellung, wobei man flächenmäßig oft etwas ausgleichen muß.

Vervollkommnung der Winterzwischenfrucht durch den Frühweidegang. Ein etwa 15tägiger stundenweiser Frühweidegang der Kühe (über Mittag) und die 9,5 a je Kuh Winterzwischenfrüchte auf dem Acker ermöglichen eine Vorverlegung der Grünfütterung im Frühjahr um 7 Wochen und verbürgen im Wickroggen an der Mai-Juni-Wende den pausenlosen, absolut gesicherten Anschluß an den ersten Rotklee- bzw. Luzerneschnitt. Wenn man sich zu dem Weidegang im Frühjahr überhaupt entschließt und darüber hinaus noch zu dessen Verlängerung auf ca. 20 Tage, gewinnt man den zeitlichen Anschluß an den Grünroggen und kann auf Grünraps verzichten. Die Winterzwischenfrucht besteht dann aus den beiden einfachsten, sichersten und leistungsfähigsten Früchten, dem Grün- und dem Wickroggen.

Den frühen Narben- und Weideaustrieb in der Aprilmitte auf Koppeln oder auch auf einer hofnahen, warmgründigen Wiese erzwingt man unter Durchbruch phänologischer Beziehungen etwa so: im Spätherbst je ha 2 dz 40%iges Kali, 3 dz Thomasmehl, 2 dz Kalkstickstoff – trockenes Wetter und trockene Narbe; winterliche Abdeckung mit organischem Abfallmaterial ohne Nährwirkung – Kartoffelkraut, Rübensamenstroh, Rapsstroh, Abfallstroh; im Frühjahr bei einsetzender Vegetation je ha 1 dz Kalkammonsalpeter oder 12000 l Jauche, letztere auf nichtgefrorenen, aber tragenden Boden und nicht gerade vor einem Nachtfrost.

In der Gesamtwirkung sind diese Maßnahmen das Geheimnis der wintergrünen Weide. Die entscheidende Teilwirkung geht von der winterlichen Abdeckung aus, die eine völlige mikroklimatische Veränderung im Bereich der Narbe herbeiführt, nach einer hier durchgeführten Arbeit – Helmut BALTZER – in folgender Richtung: Wärmeschutz – der ausgeglichene Temperaturablauf sowohl in den bodennahen Luftschichten als auch im Wurzelbereich, besonders die höheren Nachttemperaturen, lassen die Wachstumsvorgänge in milden Wintern kaum zum Stillstand kommen oder lassen sie zumindest im Frühjahr zeitig wieder einsetzen; Feuchtigkeitsschutz – die Bodenfeuchtigkeit ist unter der Abdeckung wesentlich höher und geringeren Schwankungen unterworfen, auf „bedeckt" zeigte die Feuchtigkeit steigende Tendenz, auf „unbedeckt" fallende; Lichtwirkung – die geringere Lichtintensität auf „bedeckt" vermeidet zwar Etiolierungserscheinungen, fördert aber im Gegensatz zur retardierenden vollen Lichtwirkung das Längenwachstum der Narbe. Insgesamt vermitteln die Ergebnisse den Eindruck: Der durch die Bedeckung erzwungene frühere Narbenaustrieb ist kausal weniger auf das absolute Maß der Wachstumsfaktoren zurückzuführen, maßgebender sind die Verhinderug kurzfristiger Temperaturschwankungen, Spätfrostschutz und wesentlich erhöhte Bodenfeuchtigkeit.

Für die Tiere ist der stundenweise Frühweidegang über Mittag ein beachtlicher Gesundheitsfaktor und für die Weide eine mit dem Auge wahrnehmbare Förderung der Narbe. Die spätere Leistung wird nicht oder kaum beeinträchtigt. In Weidewirtschaften ist die Möglichkeit zum stundenweisen Frühweidegang der Kühe immer gegeben, aber auch in anderen Wirtschaften, die über gute, warmgründige Wiesen in Hofnähe verfügen.

Eiweiß-Stärkewert-Beziehung bei der Verfütterung von Winterzwischenfrucht. 1000 g der Futtermittel enthalten, und 50 kg von ihnen reichen aus (Tab. 26c).

Nur der Grünroggen ist ein ausgeglichenes Milchviehfutter und bedarf der Kohlehydratergänzung nicht. Grünraps, Wickroggen und junges Weidegras sind überwiegende Eiweißlieferanten und ergeben bei reiner Fütterung völlig unaus-

Tabelle 26 c

	Eiweiß g	Stärkewert g	Relation[1]) 1 :	für kg Milch im Eiweiß	im Stärkewert
Junger Weideaufwuchs	32	109	1,7	23	9
Grünraps	20	71	0,4	12	1
Grünroggen	25	144	4,2	17	16
Wickroggen	20	73	0,5	12	1,4

geglichene Relationen. Bei Grünraps und Wickroggen muß man bei Kühen mit 14 bis 15 l auf 40 kg herabgehen und zusätzlich noch 15 kg Maissilage + 3 kg Trockenschnitzel + 3 kg Stroh füttern. Bei Frühweidegang müßte eine 20-Liter-Kuh zusätzlich zu 40 kg Weideaufwuchs noch 2 kg Wiesenheu, 10 kg Gehaltsfutterrüben, 10 kg Maissilage, 2 kg Trockenschnitzel, 3 kg Futterstroh erhalten.

Untersaaten

Sie galten früher als die wichtigste, im Extrem als die einzig mögliche Zwischenfruchtform der Bezirke mit kurzer Vegetation im humiden Bereich. Die neuzeitliche Einsaattechnik hat sie landschaftsunabhängiger, vor allem auch gerade für die boden- und klimatrockene Ackerebene geeigneter und erfolgssicherer gemacht. Die besonderen Vorteile der Untersaaten sind, daß sie, an sich schon billig, durch Fortfall der Stoppelbearbeitung arbeitsentlastend und damit verbilligend wirken und außerdem nicht nur Futter, sondern auch eine hervorragende Gründüngung liefern.

Aufgabe und Flächenbedarf. Als Eiweißlieferer sind sie im Nichtrübenbezirk wichtiger als im Gebiet der Rübe. Verlängerung der herbstlichen Grünfütterung und Bereitstellung von winterlichem Eiweißgärfutter sind ihre Aufgaben. Bei mäßigem Gelingen erfolgt Weide-, bei gutem Schnittnutzung. In ihrer Fläche sind sie weniger streng umgrenzt, etwa 4 bis 5 Ackeranteile. Flächenabgrenzende Rücksichten sind: Saatgutversorgung; Überfruchtauswahl; u. U. Ertrags- und Gütebeeinträchtigung und Ernteerschwerung beim Überfruchtgetreide; physiologische Gefahrenmomente für den Hauptfruchtrotklee durch Unverträglichkeitsbeziehungen; Notwendigkeit fristgemäßer Winterackerung auf schwerem Boden.

Bewährte Pflanzen und Gemenge sowie die Technik auf dem Acker und im Stall. Außer noch anderen möglichen haben sich die beiden folgenden Untersaaten unter mitteldeutschen Bedingungen wohl am meisten bewährt:

1. Je ha 8 kg Rotklee + 4 kg Schweden- + 4 kg Weißklee evtl. + 3 kg Westerwoldisches Weidelgras. Bei ausreichender Feuchtigkeit der Atmosphäre oder des Bodens besitzt dieses Gemenge Allgemeinbedeutung, vom gerade noch kleefähigen Sand bis zum dunklen Löß.
2. Je ha 28 bis 30 kg Gelbklee-Reinsaat für den boden- und klimatrockenen, geologisch ausreichend kalkversorgten Standort. Bedeutung haben auch Gemenge mit führendem Gelbkleeanteil und einem oder mehreren standorts-

[1]) Erhaltungsbedarf abgezogen und nur die Milcherzeugungswerte gerechnet.

gerechten Mischungspartnern, in der Reihenfolge steigender Feuchtigkeit und Schwere des Bodens je ha etwa:

20 kg Gelbklee + 3 kg Weißklee oder
12 kg Gelbklee + 2 kg Bastardklee + 2 kg Weißklee + 3 kg Westerwoldisches Weidelgras oder
20 kg Gelbklee + 3 kg Bastardklee.

Primär erfolgsentscheidend ist die Einsaattechnik. Grundfalsch und die wichtigste Ursache des früheren häufigen Mißlingens ist die alte Methode in der Art der Rotklee-Einsaat nach vollendeter Hackpflege. Neuzeitlich verfährt man in der Weise der Einsaat des Rotklees als Hauptfrucht (s. S. 64/65):
Einsaat in Roggen, entweder extrem frühe und breitwürfige Breitsaat oder auch Eindrillen zwischen die Reihen nach Eintritt des drillfähigen Bodenzustandes.
Eindrillen zwischen die Reihen in Wintergerste nach vorheriger Walzen- und Striegelpflege.
Eindrillen zwischen die Reihen in frühbestellte Sommergerste beim „Spitzen" der Saat. Weniger günstig ist die Einsaat in Hafer. In beiden Fällen erfolgt vorher Walzen- und „Blind"-Striegelpflege.
Das Wesentliche, grundsätzlich Erfolgsbedingende und Gegensätzliche zur alten Art der Rotklee-Einsaat ist im Falle der extremen Frühsaat in Roggen die volle Ausnutzung und bei den anderen Methoden der zeitliche Anschluß an die Winterfeuchtigkeit. Sie begründet die Sicherheit und standortsunabhängige Allgemeingültigkeit der Verfahren, überhaupt die heutige ökologische Allgemeinbedeutung der Zwischenfrucht-Untersaaten sowohl für die trockene Regenschattenlage als auch für den regenfeuchten Kurzsommerbezirk. Erforderlich sind allerdings auch bei ihnen gewisse Konzessionen der Überfrucht hinsichtlich Saatstärke und N-Düngung, die allerdings nicht so weit gehen dürfen wie beim Rotklee als Hauptfrucht.
Kleeartige Untersaaten sind bei einer ungefähren Relation von 1 : 3 bzw. der „Milcherzeugungswerte" von 1 : 0,72 überwiegendes Eiweißfutter. 50 kg decken im Eiweiß den Bedarf für 18 und in den Kohlehydraten für 3 l Milch. Auch bei Zurückgehen auf 35 kg ist die Diskrepanz im Grünlandbezirk mit Maissilage allein kaum und im Rübenbezirk nur sehr schwer durch hohe Gaben von Maissilage und Trockenschnitzel und auch dann nur bei höheren Leistungen zu überbrücken.

Stoppelsaatbau

Von den 3 Zwischenfruchtformen ist er am heißesten umstritten, tatsächlich auch am meisten mit Risiko belastet und nach Sicherheitsgrad und Bedarf am stärksten landschaftsgebunden.
v. BOGUSLAWSKI [11] wies besonders darauf hin. Bei den Winterzwischenfrüchten entsprechen die Anbaubedingungen völlig dem normalen Wachstumsrhythmus dieser Pflanzen, Saatzeitpunkt, winterliche Temperatur- und Lichteinflüsse, Genuß von Winterfeuchtigkeit und Vegetationskraft im Frühjahr sind völlig die gleichen wie beim Anbau zur botanischen Reife. Darauf beruhen die

hohe Sicherheit und Leistung der Winterzwischenfrüchte. Ungünstig sind aber die Voraussetzungen für die ihnen folgenden Spätsaathauptfrüchte: ein feuchtigkeitsverarmter Standort und kein Ausgleich durch Herbstnässe und Winterfeuchtigkeit. Bei den Untersaaten entspricht die Jugendentwicklung unter einer Deckfrucht zunächst völlig den Bedingungen, unter denen auch die Kleearten als Hauptfrüchte heranwachsen. Doch sind die Feuchtigkeits-, Temperatur- und Lichtverhältnisse, unter denen sie die von ihnen verlangte Leistung erbringen sollen, nämlich eine schon im ersten Lebensjahre wirtschaftlich lohnende Futterlieferung, gegenüber ihrer Position als Hauptfrucht zu ihren Ungunsten verändert. Außerdem werden sie mit allgemein fortschreitender Intensivierung durch stärker schattende und überlegen konkurrierende Getreidebestände gehemmt. Nur bei ergiebigen Nachsommerregen können sie sich durchsetzen. Am stärksten weichen die Anbaubedingungen im Vergleich zur Hauptfruchtstellung bei den sommerlichen Stoppelsaaten ab. Statt eines mit Feuchtigkeit angereicherten Frühjahrsackers finden sie in oft niederschlagsloser Zeit einen trockenen Standort vor, dessen Feuchtigkeit bereits von der Erstfrucht ausgeschöpft wurde, statt des frostgaren, gare- und krümelbereiten Saatbettes einen besonders auf mittlerem und schwerem Boden oft bis zur Pflugunfähigkeit und Unbearbeitbarkeit verhärteten Acker. An das Saugdruckvermögen der bereits keimenden Saat werden erhöhte Anforderungen gestellt. Vor allem ist die Tages-Nacht-Rhythmik der Belichtung gegenüber der Frühjahrssaat gänzlich verändert. Der Langtag des Juli und August treibt im Verein mit den jahreszeitlich hohen Temperaturen die polnahen Langtagpflanzen — Felderbse, Wicke, Ackerbohne, Grüngetreide u. a. — unter Vernachlässigung ihrer vegetativen Ausbildung und damit ihrer Massenlieferung einer verfrühten Blüte entgegen. Jedenfalls kommt der Licht- und Temperaturfaktor bei den einheimischen Pflanzen des sommerlichen Stoppelsaatbaues unerwünscht und gerade umgekehrt wie bei der Frühjahrsbestellung zur Auswirkung. Diese abweichende Faktorenkombination war Veranlassung, andere Pflanzen, solche äquatornaher Heimat mit stärkerem Kurztagcharakter, für die sommerliche Stoppelsaat heranzuziehen, von den Leguminosen die Platterbsen, von den Gramineen die Hirsearten, von den Kruziferen den Ölrettich, vor allem aber den Mais und die Sonnenblume. Diese beiden sind wegen ihrer anderen anbautechnischen Werteigenschaften und infolge ihrer Massenlieferung, vor allem an Stärkewerten, für unsere Breiten, besonders Mitteldeutschland, am wichtigsten. Von ihnen ist der Mais Kurztagpflanze, die Sonnenblume tagneutral. Baut man eine Kurztagpflanze, die also gegenüber dem Langtag empfindlich ist, unter der Wirkung des nordischen Langtages an, dann verschiebt sie unter Verlängerung der vegetativen Phase ihre vegetativ-reproduktive Umschaltung und bringt hohe Massenerträge an vegetativen Pflanzenteilen, an Futter. So verhält sich der Mais, indem er als Grünmais im Zwischenfruchtbau hohe Massenerträge und als Gärmais ebenfalls eine erhebliche vegetative Leistung erbringt, aber in Zweitfruchtstellung in 4 bis $4^1/_2$ Monaten doch noch das Stadium der „Glasreife“ erreicht. Kurztagpflanzen tropischer und subtropischer Heimat verhalten sich also im Zwischenfruchtbau im Sinne der zwischenfruchtbaulichen Erzeugungsrichtung günstiger als Pflanzen polnaher Heimat, die infolge ihres Langtagcharakters durch den langen Sommertag unter geringer Massenentwicklung einer verfrühten vegetativ-reproduktiven Umschaltung entgegengetrieben werden. Leider verhalten sich die Kurztagpflanzen beim Anbau zum Reifwerden genau so, so daß ihr Ausreifen in den meisten Jahren gefährdet ist. Die lichtdauer-neutrale Sonnenblume hat als Zwischenfruchtpflanze eine relativ rasche Entwicklung und gelangt in etwa $2^1/_2$ Monaten zur Gärreife. Sie ist geeignet als Zwischenfrucht, d. h. läßt sich noch nach einer vollen Jahresernte anbauen, ein großer Vorteil gegenüber dem lediglich als Zweitfrucht möglichen Mais.

Insgesamt ist die Sommerstoppelsaat in der ausbalancierten Futterwirtschaft trotz aller Schwierigkeiten unentbehrlich, wichtiger als die Untersaaten und ebenso wichtig wie die Winterzwischenfrucht. Diese Unentbehrlichkeit beruht auf der Vielseitigkeit und Beweglichkeit bzw. auf der Vielzahl der geeigneten Pflanzen, die es gestattet, den Stoppelfruchtbau nach Maßgabe des landschaftsgegebenen Bedarfes auf Eiweiß- und Stärkewertlieferung einzustellen.

Nach 10jährigen schlesischen Feststellungen kann man von den 3 Zwischenfruchtformen in dz/ha erwarten:

	Grünmasse	Verdauliches Rohprotein	Stärkewert
Winterzwischenfrüchte	180	3,19	13,90
Sommerliche Stoppelsaaten	140[1]	2,67	9,15
Untersaaten	72	2,10	6,20

Eiweißschaffender Stoppelsaatbau — das Erbsen-Wicken-Gemenge. Das Erbsen-Wicken-Gemenge ist der wichtigste Vertreter des eiweißschaffenden Zwischenfruchtbaues, mit dem man aber auch immer und überall auskommt. Es ist teuer, wertvoll, weitgehend allgemeingültig und besteht in normaler Zusammensetzung je ha aus 80 kg Felderbsen + 60 kg Sommerwicken + 20 kg Ackerbohnen. Dabei sind je nach Standort Variationsmöglichkeiten innerhalb der Partner gegeben. Im humiden Bezirk wird man unter Reduzierung des Erbsenanteils den Schwerpunkt etwas stärker auf die Wicken verschieben, im ariden und herbstlangen umgekehrt unter Verringerung der Wicken auf die Erbsen und hier außerdem die 20 kg Bohnen durch 20 kg Mais oder 8 kg Sonnenblume oder 5 kg Rispenhirse ersetzen. Die Beisaat von Hafer und Sommergerste dagegen ist weniger angebracht, da diese bei häufig starkem Rost-, Mehltau- und Fritfliegenbefall sich kaum wesentlich an der Massenlieferung beteiligen.

Landschaftsgebundenheit und Flächenbedarf. Im Grünlandbezirk sind je RVE 12 dz Eiweißsilage = ca. 6 a, bei durchschnittlichem Viehbesatz 4,2 Ackeranteile der Minimumfaktor der winterlichen Fütterung und Leistung. Dagegen kann der Rübenbezirk bei Luzerneheu und Rübengärblatt auf das zusätzliche Eiweiß-

[1]) Der als Zweitfrucht gebaute Mais und die als Zwischenfrucht gebaute Sonnenblume erbringen etwa die doppelten Masseneträge.

futter verzichten. Die beiden Futterbaugebiete sind also Gegensätze im Bedarf, Gegensätze aber auch im Sicherheitsgrad. Häufigere und ergiebigere Sommer- und Nachsommerregen sowie humidere Gesamtbedingungen, vor allem aber leichtere, sich fast witterungsunabhängig pflug- und bearbeitungsfähig haltende Böden begründen die höhere Eignung der Grenz- und Übergangslage für die sommerliche Stoppelsaat im allgemeinen und für das Erbsen-Wicken-Gemenge im besonderen. Alles ist hier wesentlich erleichtert, besonders Erstfruchtwahl und Saatbettvorbereitung. Im Rübenbezirk liegen die Verhältnisse entgegengesetzt: häufige Nachsommertrockenheit und dann Verhärtung schon des mittleren Bodens bis zur Pflugunfähigkeit; weiterhin Vorfruchtkonkurrenz mit Winterraps und Wintergerste; Leguminosenunverträglichkeit; die Notwendigkeit der herbstlichen Tiefackerung vor der Herbstnässe; wasserwirtschaftliche Bedenken; schließlich hier besonders schwerwiegende arbeitswirtschaftliche Rücksichten. 10 Ackeranteile Zuckerrüben als unterste Grenze sind in ihrem Blatt mit Köpfen hier die sicherste eiweißschaffende „Zwischenfrucht". Insgesamt betrachtet, treffen Bedarf und Leichtdurchführbarkeit bzw. Entbehrlichkeit und Schwerdurchführbarkeit beim Erbsen-Wicken-Gemenge standörtlich in glücklicher Weise zusammen und verlegen seinen Schwerpunkt eindeutig und klar in den Grünlandbezirk, in das Gebiet der Futterpflanzen mit mäßigem Eiweißgehalt und der Wirtschaften mit häufig fehlendem Futtereiweiß.

Wachstumszeit, Saattermin und Erstfruchtwahl. Bis zur lohnenden Schnittnutzung beansprucht das Erbsen-Wicken-Gemenge im Durchschnitt 9 bis 10 Wochen, $2^1/_2$ Monate. Dabei ist ein Julitag wertvoller als 8 bis 14 herbstliche Wachstumstage mit dann schon stark herabgesetzter Wärme- und Lichtwirkung. Man muß sich um die Aussaat im letzten Julidrittel bemühen. Der 5. August gilt auch in der Langsommerlandschaft mit günstigem Herbst als äußerster Termin. Demnach ist die Erstfruchtwahl primär für den Erfolg entscheidend, aber je nach den Standortsbedingungen grundsätzlich unterschiedlich zu treffen. Man kann etwa sagen: Bei gleich früher Feldräumung muß der Vorfrucht- und Kulturwert einer Erstfrucht, ihre Gare-, Feuchtigkeits- und Nährstoffhinterlassenschaft proportional der Bodenbonität und Klimagunst des Standortes sein, d. h. je geringer, sandiger der Boden, je niederschlagsreicher der Bezirk, um so mäßiger kann die Erstfrucht sein; je besser, lehmiger der Boden, je klimatrockener die Landschaft, um so biologisch hochwertiger muß die Erstfrucht sein. Die Begründung liegt in der unterschiedlichen Pflug- und Bearbeitungsfähigkeit des leichten und schweren Bodens. Der sich den Geräten willig und kurzfristig fügende Boden sandiger Textur in der zudem regenfeuchteren Grenz- und Übergangslage bescheidet sich mit einer Stoppelerstfrucht, mit Wintergerste, im herbstlangen Bezirk notfalls auch mit Winterroggen und Sommergerste. In den Gebieten der geringeren, noch wintergerstenfähigen Böden sind Wintergerste und Stoppelsaat in ihrer Fläche gekoppelt, d. h. die Ausdehnung der Stoppelsaat setzt die Erweiterung der Wintergerste voraus. Wichtig bei Wintergersten-Erstfrucht ist weiterhin, daß sie zur Einschränkung des stark hemmenden Ausfallauflaufes in der allerdings vollen Gelbreife geschnitten wird. Im Gegensatz dazu fordert der bessere Boden infolge seiner Schwerbearbeitbarkeit, zumal bei seiner immer klimatrockenen Lage und bei der hier häufigen hochsommerlichen Trockenheit, die biologisch hochwertige Erstfrucht, deren hinterlassener Standort sich zudem unter Umgehung des Pfluges möglichst durch bloße Lockerung vorbereiten läßt: Frühkartoffeln, Raps, Erbsen, frühe Gemüsesämereien. Das aber sind im heutigen Intensivbetrieb die Vorfrüchte für Winterraps, Winterzwischenfrucht und Wintergerste. Entbehrlichkeit und Schwerdurchführbarkeit gehen also im Rübenbezirk auch aus Gründen der Vorfruchtkonkurrenz ebenso parallel wie Unentbehrlichkeit und erleichterte Durchführbarkeit im Nicht-Rübenbezirk.

Saat und Düngung. Sie müssen sorgfältig und hauptfruchtähnlich sein. Bei einer Erstfrucht, die Stoppeln hinterläßt, ist eine sorgfältige Saatfurche unumgänglich: sofort, also noch in der Schattengare der Erstfrucht; knapp mitteltief und krümelig; bei motorischem Zug mit Notzonegge, sonst sofortiger Einsatz ebnender, sich im rechten Winkel entgegenwirkender, feinerdeschaffender Geräte. Unter Vermeidung ungarer, später verunkrautender Teilflächen muß eine Mindestkeimtieflage von 5 cm angestrebt werden. Bei einer Erstfrucht, die keine Stoppeln hinterläßt, Frühkartoffeln, Erbsen, manche Sämereien, bereitet man auf schwerem Boden am besten pfluglos nur mit intensiv durchlockernden Geräten, aber trotzdem sorgfältig vor: Grubber, gefolgt von Grobegge und Schleppe, bei motorischem Zug in geeigneter Koppelung. Die Erstfrucht soll schon bei der Bestellung eine um 50% über ihren Bedarf erhöhte Grunddüngung erhalten haben, das Wickengemenge selbst 1 bis 2 dz/ha Kalkammonsalpeter oder 8 bis 16 Faß Jauche, à 800 l.

Verwertung. Bei mais-, sonnenblumen- und hirsehaltigen Gemengen hat der Schnitt sofort nach den ersten Frühfrösten zu erfolgen. Hält man sich im Grünlandbezirk mit dem Erbsen-Wicken-Gemenge im Bereich der vorgeschlagenen 4 Ackeranteile, dann muß der gesamte Aufwuchs unter Verzicht auf Grünfütterung in guter und starker Durchmischung mit zuckerreichem Material oder mit Sicherungszusätzen sorgfältig eingesäuert werden. Bei einer Eiweiß-Stärkewert-Relation von 30 : 59 bzw. 1 : 2 ist das Erbsen-Wicken-Gemenge ein ausgesprochener Eiweißlieferant, der bei der Fütterung einer starken Kohlehydratergänzung bedarf.

Kohlehydratschaffender Zwischenfruchtbau

Er ist im Gegensatz zum eiweißliefernden in beiden Futterbaugebieten fütterungstechnisch unentbehrlich, in beiden aber auch anbautechnisch relativ sicher durchführbar. Insbesondere sind der trockenholde Mais und die noch trockenheitsverträglichere Sonnenblume auch in den Regenschattenbezirken der Luzerne und Zuckerrübe anbaufähig.

Silomais. Bei einer Eiweiß-Stärkewert-Relation von 12 : 119 = 1 : 10 ist der in der „Glasreife" vergorene Mais wohl der edelste und ergiebigste wirtschaftseigene Kohlehydratträger, mit dem man bei gleichzeitiger guter Massenleistung auch starke Eiweißüberschüsse ausgleichen kann.

Flächenbedarf. Es sind je RVE 21 dz = 6 a erforderlich, bei durchschnittlichem Viehbesatz im Luzernebezirk etwa 3, im Grünlandbezirk etwa 4 Ackeranteile. In der Weidewirtschaft kann man bei verkleinerter Fläche der Winterzwischenfrucht nur etwa die Hälfte bauen.

Standortsansprüche, Sorte und Saatgut. Bei Neigung zu den warmen, leichten und mittleren, ausreichend kalkversorgten Böden in klimawarmer Lage ist der nur „glasreif" werdende Mais praktisch nur von den extrem schweren und feucht-kalten Bodenarten ausgeschlossen, wächst jedoch noch auf den stark sandigen Böden fast an der Grenze der Kulturfähigkeit. Dabei ermöglichen die deutschen Hartmaise eine zuverlässige Anpassung an die standörtlich unterschiedliche Wachstumszeit: im vegetationskurzen Bezirk *Mahndorfer und Schindelmeiser Mais*; in der warmen Langsommerlandschaft langlebige Sorten vom Typ des *Gelben Badischen.* Insgesamt ist der Silomais recht standortsunabhängig, als wärmeliebende, trockenholde Pflanze insbesondere auch in der Ackerebene des Rübenbezirkes anbaufähig. Die größten Sorgen bereitet immer das deutsche Maissaatgut, weil der Körnermais in vielen Jahren mit seinen Reife- und Nachreifevorgängen in die ungünstige Herbstzeit gerät. Bei dem dann noch überfeuchten Material führt außer der Pilzeinwirkung der Winterfrost über plasmolytische Erscheinungen im Keimling zur Zerstörung der Keimfähigkeit. Bei systematischem Silomaisbau muß man unter sehr sorgfältiger Nachtrocknung der geernteten Kolben Eigenerzeugung anstreben, für 1 Morgen Silomais 50 bis 75 m² Körnermais.

Wachstumszeit und Erstfruchtwahl. Der Mais beansprucht bis zur „Glasreife" – Stadium zwischen Milch- und Gelbreife – der Kolben 4 bis $4^1/_2$ Monate Wachstumszeit, muß also an der Mai-Juni-Wende als Zweit- oder Spätsaathauptfrucht an Stelle der meist üblichen Kartoffeln hinter die Winterzwischenfrucht gestellt werden.

Bodenbearbeitung, Saat, Düngung und Pflege. Der hohe Keimwasserbedarf beansprucht ein einigermaßen abgesetztes und dadurch kapillar wirksames Saatbett. Das erfordert eine sofortige, knapp mitteltiefe Saatfurche aus der Stoppel der Winterzwischenfrucht, die man im pflugfrischen Zustand halbschräg mit dem Grubber ~~oder mit langzinkigen Grobeggen durchreißt, gefolgt von Schleppe und~~ mittlerer Egge. Einige Niederschläge fördern den erwünschten Saatbettzustand sehr. Die Saatstärke beträgt 90 bis 100 kg/ha, die Drillweite 50 bis 60 cm und die Drilltiefe 4 bis 5 cm. Eine um 50% über deren Bedarf erhöhte Kali-Phosphorsäure-Düngung sollte schon zur Winterzwischenfrucht gegeben sein. Wenn die Winterzwischenfrucht nicht auch schon Stallmist erhalten hat, kann man sofort nach ihrer Räumung eine knapp mittlere Gabe eines kurzen, gut verrotteten Düngers aus einer vorbereiteten Feldmiete auffahren und mit der Saatfurche sorgfältig unterbringen. Der Mais selbst erhält 3 bis 4 dz/ha Kalkammonsalpeter, und zwar grundsätzlich die ganze Gabe vor der Saat. Handelsstickstoff läßt sich teilweise, ebenfalls vor der Saat, durch Jauche ersetzen. Der Mais ist pflegefordernd: zwischen Saat und Auflauf auf vorher mit der Cambridge-Walze gefestigtem Boden einen vorsichtigen Striegelgang und nach dem Auflauf und während der weiteren Jugendentwicklung 1—2 Hacken, von denen die zweite flacher wirken muß als die erste.

Schnitt und Verwertung. Der im Kolben „glasreife" Silomais muß vor, sonst sofort nach dem ersten Frühfrost an der September-Oktober-Wende das Feld räumen. Der Schnitt geschieht am besten mit dem Binder. Die Einsäuerung erfolgt gehäckselt oder gerissen und gelingt sehr sicher. Seine Leichtvergärbarkeit veranlaßt verständlicherweise zur Mitvergärung von Eiweißfutter. Diese Mischsilage — im Grünlandbezirk Mais : Wickgemenge = 50 : 50, im Rübenbezirk Mais: Rübenblatt = 40 : 60 — ist für die Winterfütterung durchaus sinnvoll. Zumindest für die eiweißreichen Zeiten im Sommerstall sollte man aber über eine reine Kohlehydratsilage verfügen. Man hat dann Ration und Fütterungserfolg sicherer in der Hand.

Gärsonnenblume. Bei einem Eiweiß-Stärkewert-Verhältnis von 9 : 68 = 1 : 8 ist sie eine weniger ergiebige, durch anbautechnische Eigenschaften aber sehr wertvolle Kohlehydratlieferantin.

Flächenbedarf. Es werden je RVE benötigt: im Grünlandgebiet 30 dz = 7,5 a, bei durchschnittlichem Viehbesatz 4,8 Ackeranteile; im Luzernebezirk 25 dz = 6,3 a, bei durchschnittlichem Viehbesatz 3,6 Ackeranteile.

Standortsansprüche, Wachstumszeit und Saattermin, Herkunfts- und Erstfruchtwahl. Dem Silomais gegenüber ist die Sonnenblume durch folgende Werteigenschaften ausgezeichnet: noch trockenholder und bodenbescheidener, anbaufähig vom moorigen und anmoorigen Boden und dürftigsten Sand bis zum dunklen Löß, unempfindlich gegen Bodensäure und geringe Bodengare, anbausicher, saatgutökonomisch und massenliefernd, insgesamt eine tiefwurzelnde, humusschaffende und garefördernde Pflanze mit Pioniereigenschaften. Am wichtigsten aber ist der zeitlich und örtlich relativ weite „Anbaurahmen", im Bestelltermin, ursächlich zurückzuführen auf die im Gegensatz zum Mais erhebliche Länge des vergärungsfähigen Zustandes vom beginnenden Knospen bis zur Blühmitte. Die kurze Vegetationszeit von durchschnittlich $2^1/_2$ Monaten gestattet noch eine Saat um den 20. Juli herum und ermöglicht damit die Zwischenfruchtstellung auch als Gärpflanze nach einer vollen Jahresernte von Raps, vorgetriebenen Kartoffeln, frühen Gemüsesämereien und einer frühen Wintergerste. Kennzeichnend ist also die Begrenzung der Erstfruchtwahl auf die Früchte mit frühester Feldräumung, immer noch ein sehr wesentlicher Vorteil gegenüber dem nur als Zweitfrucht möglichen Gärmais. Die Eignung als Zwischenfrucht begründet die Billigkeit des Anbaues der Sonnenblume. Zudem kann man auch noch durch die Herkunftswahl, nämlich den Anbau der *Salzmünder Ostsonne* oder der gestreiftsamigen ungarischen oder russischen Sonnenblume, vegetationsverkürzend wirken. Es ist betriebs- und ernährungswirtschaftlich ausgeschlossen, den großen Kohlehydratbedarf der Wirtschaft ausschließlich durch den Silomais als Spätsaathauptfrucht zu bestreiten. Er muß sich auf die von der Winterzwischenfrucht hinterlassenen 3 bzw. 4 Ackeranteile begrenzen. Die für den Zwischenfruchtbau geeignete und dadurch billige Gärsonnenblume ist nicht nur eine wertvolle, sondern eine unentbehrliche Ergänzung des Gärmaises, auch wenn man Standortsbescheidenheit, Trockenresistenz und Saatgutökonomik gar nicht berücksichtigt.

Bodenbearbeitung, Düngung, Saat und Pflege. Die kleinkörnige Sonnenblume mit jedoch recht erheblichem Keimwasserbedarf wünscht einen einigermaßen gartenmäßigen Saatbettzustand mit ausreichender Wasserführung. Erforderlich sind sofortige sorgfältige Saatfurche von 15 bis 18 cm Tiefe und feinerdeschaffende sowie das Absetzen fördernde Nachbearbeitung: ein Doppelarbeitsgang mit sich entgegenwirkender Grobegge auf dem noch pflugfrischen Boden, dann Schleppe und Feinegge. Die Sonnenblume ist anspruchsvoll hinsichtlich der Düngung und trotz geringer Säureempfindlichkeit dankbar für eine kurz voraufgegangene Kalkung. Stallmist- und Kaliphosphorsäuredüngung ist sehr fördernd, sofern sie nicht nach stallmistgedüngter und ausreichend kaliphosphatversorgter Erstfrucht steht. Den Ausschlag geben 3 bis 4 dz/ha Kalkammonsalpeter, davon im Gegensatz zum Mais je die Hälfte zur Bestellung und vor der ersten Hacke. Der Stickstoff vor der Bestellung läßt sich teilweise durch eine gute Jauche ersetzen, je 1000 l/ha = 3 kg Rein-N = 15 kg eines 20%igen Düngers. Die Saatstärke beträgt 30 kg/ha, die Drillweite 25 bis 33 cm, die Drilltiefe 3 bis 4 cm. Neuerdings neigt man, um ein zartstengligeres Material zu erhalten, zu einer höheren Saatstärke und engeren Drillweite, 40 kg/ha und 25 cm. Auch die Sonnenblume ist äußerst dankbar für Pflege: vom Saattag bis kurz vor dem Auflauf nach vorausgegangener Cambridgewalze sehr vorsichtiger „Blindstriegel“, nach dem Auflauf bei etwa 15 bis 20 cm Wuchshöhe eine Maschinenhacke, nach Möglichkeit kurz danach noch eine Handhacke.

Schnitt und Verwertung. Eine erhebliche Schwäche der Sonnenblume, die sie mit allen wichtigen Kohlehydratspeicheren, dem Mais und noch hochgradiger der Hirse teilt, ist ihre starke Empfindlichkeit gegen die Frühfröste, die sie bei höherer Intensität und schon bei 2- bis 3maliger Wiederholung bis zur Vernichtung treffen. Deshalb muß der Schnitt vor oder doch sofort nach der ersten Frostnacht erfolgen. Auch hier setzt man am besten den Binder ein. Das Futter wird gehäckselt oder gerissen und zur Geschmacksverbesserung am besten mit natürlichen Sicherungszusätzen — Melasse, aufgequollenen Zuckerschnitzeln, Schrot von Hinterkornroggen — eingesäuert. — Grundfalsch ist der Gemengeanbau von Mais und Sonnenblume. Auch bei Absicht späterer gemeinsamer Vergärung muß man beide trotzdem getrennt anbauen. Die Sonnenblume hinterläßt einen wasser- und nährstoffarmen, aber garebereiten Standort.

Leistungsvergleich zwischen Hauptfruchtfutterbau und der Koppelung Winterzwischenfrucht + Spätsaathauptfrucht

Diese Koppelung ist nach Zielsetzung, Aufwand und Leistung durchaus eine Intensivform des neuzeitlichen Futterbaues. Sie leistet das gleiche und mehr als unsere besten Futterlieferanten in Hauptfruchtstellung, vor allem mehr als die bisher übliche Koppelung: Winterzwischenfrucht + Kartoffeln.

In Ermangelung versuchsmäßig exakter Werte soll versucht werden, unter Benutzung eigener Erfahrungen und von Angaben kundiger Futterbauer die Leistung der Koppelung Winterzwischenfrucht + Zweitfrucht mit derjenigen der landschaftsgegebenen Hauptfruchtfutterpflanzen zu vergleichen [8].

Luzerne-Zuckerrüben-Gebiet

Tabelle 27

		Massenertrag grün dz/ha	Verdauliches Rohprotein dz/ha	Stärkewerte dz/ha
Grünroggen	Winterzwischenfrucht	200	5	28,8
Wickroggen	Winterzwischenfrucht	280	5,6	20,5
Silomais	Zweitfrüchte	420	4,62	44,9
Sonnenblume	Zweitfrüchte	420	3,36	28,6
Kartoffeln	Zweitfrüchte	150	1,65	26,3
Luzerne, Hauptfruchtfutterpflanze		600	21	52,8
Kartoffeln, Hauptfrucht		200	2,20	35,0
Grünroggen + Silomais	Koppelungen	620	9,62	73,7
Grünroggen + Sonnenblume	Koppelungen	620	8,36	57,4
Grünroggen + Kartoffeln	Koppelungen	200 + 150	6,65	55,1
Wickroggen + Silomais	Koppelungen	700	10,22	65,4
Wickroggen + Sonnenblume	Koppelungen	700	8,96	49,1
Wickroggen + Kartoffeln	Koppelungen	280 + 150	7,25	46,8

Die häufigsten Koppelungen, die sich in der Praxis von selbst anbieten, sind Grünroggen + Kartoffeln und Wickroggen + Silomais. In der Eiweißlieferung läßt sich die Luzerne von keiner dieser beiden und auch nicht der anderen Koppelungen erreichen. Aber in der Stärkewertleistung je Flächeneinheit, und das ist entscheidend, sind sie der Luzerne überlegen, besonders die häufigsten Verbindungen Grün- und Wickroggen + Silomais. Der als Zweitfrucht angebaute Silomais ist in der Lage, den Eiweißüberschuß, den die Luzerne als Grünfutter und Heu in die Rationen bringt, durch seine hohe Stärkewertlieferung auszugleichen und so Höchstleistungen der Tiere zu ermöglichen. Der Silomais stellt fütterungstechnisch und damit auch futterbaulich den wichtigsten Gegenspieler der Luzerne dar — im Vergleich etwas gewagt, aber tatsächlich zutreffend, eine Parallele zu der Beziehung der $Ca^{\cdot\cdot}$- und $H^{\cdot}$-Ionen im Hinblick auf die Gesundheit des Bodens.

Die Darstellung X zeigt die Leistungsbeziehungen der Luzerne zu den Winterzwischenfrüchten mit ihren möglichen Zweitfrüchten. Die Koppelung Winterzwischenfrucht + Sonnenblume ist unwirtschaftlich, es sei denn, daß man die Sonnenblume in unmittelbarer Folge zweimal baut. Sonst muß und kann die Gärsonnenblume mit ihrer relativ kurzen Wachstumszeit als Zwischenfrucht nach einer vollen Jahresernte wachsen.

Darstellung X

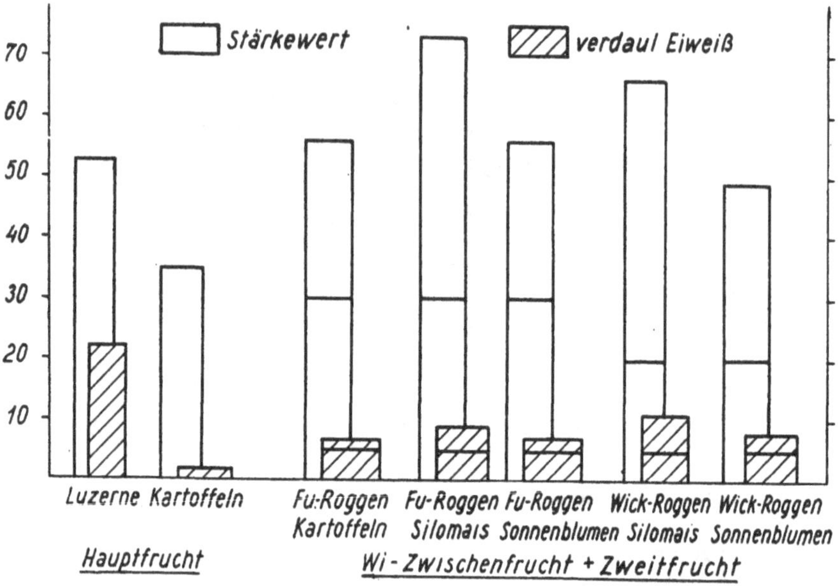

Rotklee-Dauergrünland-Gebiet. Noch günstiger für die Verbindung Winterzwischenfrucht + Spätsaathauptfrucht liegen die Verhältnisse dort, wo der Rotklee die Hauptfutterpflanze ist.

Tabelle 28

	Massenertrag grün dz/ha	Verdauliches Rohprotein dz/ha	Stärkewerte dz/ha
Wickroggen als Winterzwischenfrucht	400	8,00	29,6
Silomais } als Zweitfrucht	1100[1]	12,10	117,7
Kartoffeln } als Zweitfrucht	192	2,11	33,5
Rotklee } als Hauptfrucht	440	10,56	42,7
Kartoffeln } als Hauptfrucht	213	2,34	37,3
Wickroggen + Silomais } Koppeluug	1500	20,1	147,3
Wickroggen + Kartoffeln } Koppeluug	400+192	10,11	63,1

Darstellung XI zeigt diese Beziehungen noch einmal.

Die Koppelung Wickroggen + Silomais ist dem Hauptfrucht-Rotklee in der Massenleistung mehr als dreifach, im Eiweiß doppelt und in der Stärkewertlieferung ebenfalls dreifach überlegen. Unter durchschnittlichen Bedingungen können wir vielleicht mit der knapp doppelten Überlegenheit der Koppelung gegenüber dem Rotklee rechnen. Aber auch das ist schon bedeutsam genug, wenn

[1]) Erscheint unwahrscheinlich hoch. Der warme, maisprädestinierte Standort läßt vielleicht genäherte Erträge erreichen.

Darstellung XI

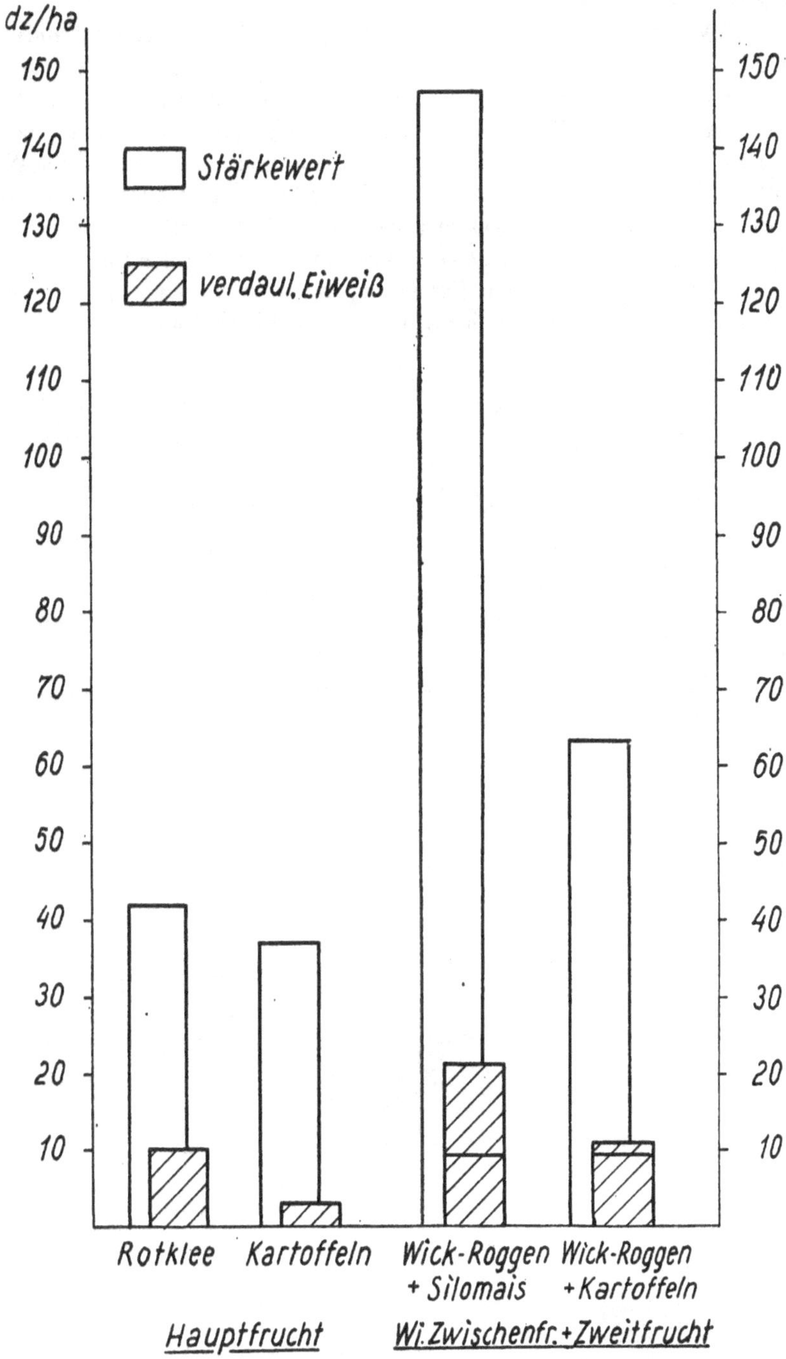

man an die auch im Rotkleebezirk bestehende Notwendigkeit des Eiweiß-Stärkewert-Ausgleichs denkt.

Nicht nur Mehrleistung und Ausgleichsmöglichkeit des fütterungstechnischen Minimumfaktors sprechen für die Koppelung Winterzwischenfrucht + futterliefernde Spätsaathauptfrucht, sondern auch vor allem der Umstand, daß beide dann grünes Futter zur Verfügung stellen, wenn die Hauptfruchtfutterpflanzen noch nicht bzw. nicht mehr lieferbereit sind. Sie dienen in hervorragender Weise der von jedem verständigen Fütterer und Futterbauer erstrebten Verlängerung der Grünfutter- und der Verkürzung der Winterfutterperiode und auch der ebenfalls erstrebten Futtervorratswirtschaft auf dem Wege der Konservierung. Die zweifellos gegenüber den Futterhauptfrüchten vorhandene Mehrarbeit darf man im Interesse seines Viehstalles einmal nicht allzu hoch veranschlagen.

IV. Der Vorfrucht- und Kulturwert der Nichtleguminosen im Zwischenfruchtbau

IV. Der Vorfrucht- und Kulturwert der Nichtleguminosen im Zwischenfruchtbau

Die ausgeglichene Fütterung im Milchviehstall erfordert die großflächige Verlagerung des Sommerstoppelsaatbaues auf Nichtleguminosen, im Grünlandbezirk zu etwa 70% und im Luzernebezirk noch stärker. Damit ist die immerhin wesentliche Frage der kulturellen Zwischenfruchtwirkung des Nichthülsenfruchters, namentlich die von Mais und Sonnenblume, im Vergleich zum Erbsen-Wicken-Gemenge zur Erörterung gestellt.
Der Mitarbeiter des Instituts für Acker- und Pflanzenbau der Friedrich-Schiller-Universität Jena Helmut BALTZER führte einschlägige Versuche durch, über die er ausführlich selbst berichten wird. Durch Einzeluntersuchungen, die sich auf Menge und Zusammensetzung der Ernterückstände sowie auf die Physik des hinterlassenen Standortes beziehen, versuchte er, die Einzelwirkung zu analysieren. Darüber hinaus hat er sich auch bemüht, die Gesamtwirkung in einem leider erst einjährigen Feldversuch mit Kartoffeln als Folgefrucht auf den verschiedenen Zwischenfruchtstoppeln zu erfassen.

Verschiedene Einzelwirkungen der Vorfrucht-Gesamtwirkung

Die Menge der Ernterückstände

Sie geht aus der nachstehenden Tabelle hervor. Erstfrucht war Winterraps.

Ernterückstände in kg/ha Trockensubstanz, 0—25 cm Tiefe

Tabelle 29

	Stoppel	Wurzel	Gesamt absolut	Gesamt relativ
Erbsen-Wicken-Gemenge	742	1646	2388	100
Mais	305	1055	1360	57
Sonnenblume	376	1142	1518	63
Hirse	422	380	802	33
Senf	441	465	906	38
GD 5%	87	161	183	8

In der Hinterlassenschaft an humusschaffenden Stoffen wird Erbsen-Wicken-Gemenge von keinem der Kohlehydratlieferanten erreicht. Der Abstand ist beträchtlich und zeigt wesentliche gegenseitige Differenzen. Die Sonnenblume liefert immerhin noch knapp $^2/_3$ der traditionellen sommerlichen Zwischenfrucht, der Mais die gute Hälfte, Hirse und Senf nur $^{1}/_{3}$. Beim Erbsen-Wicken-Gemenge ist die Bestandesdichte, die große Pflanzenzahl der Flächeneinheit, für das Gewicht der Rückstände entscheidend, bei Mais und Sonnenblume einerseits und Hirse und Senf andererseits jedoch der massigere bzw. zierlichere oberirdische Wuchs, dem ein stärkeres bzw. schwächeres Wurzelsystem entspricht.

Ein Vergleich der von uns gefundenen Rückstände mit den Befunden anderer ist schwer durchführbar. Die Arbeitsverfahren weichen voneinander ab, und die Wachstumsbedingungen von Boden und Klima her sind anders, besonders auch das Entwicklungsstadium zur Zeit der Nutzung, weil die Pflanzen teils als Stoppelsaat, teils als Zweitfrucht, teils als Hauptfrucht angebaut werden. Gleichwohl sollen die Ergebnisse von KÖHNLEIN und VETTER [10] denen von BALTZER gegenübergestellt werden, sämtlich in kg/ha Trockensubstanz.

Vergleich der Menge an Rückständen nach KÖHNLEIN und VETTER sowie BALTZER

Tabelle 29 a

	Stoppel		Wurzeln		Gesamt		Anbauform	
	K./V.	Ba.	K./V.	Ba.	K./V.	Ba.	K./V.	Ba.
Erbsen-Wicken-Gemenge	212	742	621	1646	833	2388	als Stoppelfrucht	als Stoppelfrucht
Mais	602	305	1119	1055	1721	1360	als Zweitfrucht	
Sonnenblume	244	376	932	1142	1176	1518	als Hauptfrucht	
Senf	338	441	540	465	878	906	als Stoppelfrucht	

Bei dem übereinstimmend als Stoppelsaat angebauten Erbsen-Wicken-Gemenge und dem Senf liegen die Ernterückstände oben und unten und dementsprechend auch in der Gesamtheit bei BALTZER höher als bei KÖHNLEIN und VETTER, besonders auffällig beim Erbsen-Wicken-Gemenge, weniger beim Senf. Das mag zurückzuführen sein auf die unterschiedlichen Bodenarten: dunkler Löß auf Muschelkalk bei BALTZER und sandiger Lehm bei KÖHNLEIN und VETTER. Ein Vergleich des Erbsen-Wicken-Gemenges mit den beiden wichtigsten mitteldeutschen Kohlehydratträgern ist infolge gänzlich abweichender Stellung in der Rotation überhaupt nicht möglich. Auch die gegenseitige Beziehung von Mais und Sonnenblume stimmt nicht überein, bei KÖHNLEIN und VETTER sind die Rückstände des Maises höher als die der Sonnenblume, bei BALTZER ist es umgekehrt, eine Folge der völlig anderen Positionen hier und dort. Nur eine Übereinstimmung besteht: In beiden Fällen sind die Wurzelrückstände wesentlich höher als die Stoppelrückstände, im Durchschnitt der 4 Früchte bei KÖHNLEIN und VETTER um 255, bei BALTZER um 244%.

Im allgemeinen sind wenig Parallelen festzustellen. Das war auch nicht zu erwarten. Bei gänzlich anderen Voraussetzungen, besonders bei Stellung in Zwischen- oder Zweit- oder Hauptfrucht, müssen die hinterlassenen Mengen genauso stark variieren wie die oberirdischen Erträge. Es können höchstens einige Beziehungen übereinstimmen.

Chemische Zusammensetzung

Sie ist maßgebend für die Art der Verrottung, ob diese überwiegend in Richtung einer Dauerhumusbildung verläuft oder ob die Substanz mehr als Nährhumus wirkt (Tab. 30).

Prozentualer Gehalt. Bei der Phosphorsäure sind sowohl in den Stoppel- als auch in den Wurzelrückständen der relativ hohe Gehalt bei Erbsen-Wicken-Gemenge, Mais und Hirse und der sehr niedrige bei Sonnenblume und Senf kennzeichnend. Beim Stickstoff bestehen in den Stoppeln die gleichen gegenseitigen Beziehungen wie bei der Phosphorsäure, aber in den Wurzelwerten ist das Erbsen-Wicken-Gemenge bei weitem führend vor allen Nicht-Leguminosen, die unter sich keine allzugroßen Differenzen aufweisen.

Absolute Nährstoffmengen. Sie sind die Summen der Produkte in kg aus den Gehaltswerten und den Rückstandsmengen in der Trockensubstanz von Stoppeln und Wurzeln und befinden sich für den Stickstoff in der Spalte 11 und für die Phosphorsäure in Rubrik 13. Sowohl bei der Phosphorsäure als auch beim Stickstoff erreichen die kohlehydratschaffenden Zwischenfrüchte – mit Ausnahme des Maises bei der Phosphorsäure – nicht die 50%-Grenze, sondern liegen meist weit unter dieser. Im chemischen Inhalt ist das Erbsen-Wicken-Gemenge unerreichbar. Ihm kommt noch der Mais am nächsten, schon weniger die Sonnenblume. Hirse und Senf bleiben weit zurück.

Das kulturell-strukturell Entscheidende sind die Unterschiede im N-Gehalt und in dem absoluten N-Rückstand der verschiedenen Zwischenfrüchte. Der organisch gebundene Stickstoff in schwer zersetzlichem Material ist das eigentliche Agens und die wirkende Kraft bei allen der Bildung wertvoller Huminsäuren zusteuernden Bodenprozessen. Darin ist das Erbsen-Wicken-Gemenge den Nichtleguminosen der Zwischenfrüchte wesentlich überlegen. Auch noch andere Umstände lassen nicht ohne weiteres die kulturelle Ebenbürtigkeit der Nichtleguminosen mit den Leguminosen erwarten. Früherer Bestandesschluß und restlose Bodenabschirmung durch den dichten Leguminosenbestand auf der einen Seite, langsame Jugendentwicklung, weite Reihenstellung, humuszehrende Hackpflege und später weniger gleichmäßige Verteilung der Ernterückstände auf der anderen werden zusätzlich immer noch Unterschiede im biologischen Gesamtverhalten zuungunsten der Nichtleguminosen hervortreten lassen. Gegen diese Zwischenfrüchte sprechen auch wirtschaftlich ihr N-Bedarf und Hackzwang, für sie phytopathologisch die Entlastung der Rotationen in den mitteldeutschen Wirtschaften mit umfangreichem Erbsenbau von Leguminosen mit ihren physiologischen Gefahrenquellen für die Hauptfruchtleguminosen.

Zusammenfassend sei gesagt: Erbsen-Wicken-Gemenge und diesem gleichzusetzen die Kleeuntersaaten bzw. ihre Rückstände werden in der humusbildenden Kraft und in der Gareschaffung durch Mais und Sonnenblumen nicht erreicht.

Einschlägige Literaturangaben sind schwer zu finden. Zu vergleichen ist höchstens die Arbeit von KÖHNLEIN und VETTER [10]. Ein Vergleich mit den Befunden von BALTZER ergibt (Tab. 30a):

Tabelle 30

Prozentualer Gehalt der Ernterückstände an N und P_2O_5 und deren absolute Mengen in kg/ha, bezogen auf die Trockensubstanz.

Pflanzen	Prozentualer Gehalt				Menge der Ernterückstände		Absolute Mengen in kg/ha							
	Stoppeln		Wurzeln				Stoppeln		Wurzeln		Gesamt			
											N		P_2O_5	
	N	P_2O_5	N	P_2O_5	Stoppeln	Wurzeln	N	P_2O_5	N	P_2O_5	abs.	rel.	abs.	rel.
	1	2	3	4	5	6	7	8	9	10	11	12	13	14
Erbsen-Wicken-Gemenge	1,49	0,33	2,79	0,35	742	1646	11,06	2,45	45,92	5,76	56,98	100	8,21	100
Mais	1,66	0,35	1,68	0,47	305	1055	5,06	1,07	17,72	4,32	22,78	40	5,39	66
Sonnenblume	0,57	0,12	1,53	0,26	376	1142	2,14	0,45	17,47	2,97	19,61	34	3,42	42
Hirse	2,12	0,44	1,94	0,35	422	380	8,95	1,86	7,37	1,33	16,32	29	3,19	39
Senf	0,76	0,20	1,36	0,29	441	465	3,35	0,88	6,32	1,35	9,67	17	2,23	27

Tabelle 30 a

Die Nährstoffgehalte der Stoppeln und Wurzeln sowie die Nährstoffmengen in den Gesamtrückständen im Vergleich der Befunde von KÖHNLEIN und VETTER (K./V.) und BALTZER (Ba.).

	Nährstoffgehalte in % der Trockensubstanz								Gesamtrückstände in kg/ha					
	N				P_2O_5				N		P_2O_5			
	Stoppeln		Wurzeln		Stoppeln		Wurzeln							
	K./V.	Ba.	K./V.	Ba.	K./V.	Ba.	K./V.	Ba.	K./V.	Ba.	K./V.	Ba.	K./V.	Ba.
Erbsen-Wicken-Gemenge	2,31	1,49	3,12	2,79	0,61	0,33	0,77	0,35	34,50	56,98	6,83	8,21	Stoppelfrucht	Stoppelfrucht nach Wi.-Raps
Mais	0,48	1,66	0,94	1,68	0,32	0,35	0,35	0,47	19,57	22,78	6,39	5,39	Zweitfrucht	
Sonnenblume	(1,32[1])	0,57	(1,32[1])	1,53	(0,49[1])	0,12	(0,49[1])	0,26	14,35	19,61	5,18	3,42	Hauptfrucht	
Senf	1,50	0,76	1,59	1,36	0,66	0,20	0,67	0,29	10,44	9,67	2,36	2,23	Stoppelfrucht	

[1]) Ø von Stoppeln und Wurzeln.

Prozentualer Gehalt. Er ist in Stoppeln und Wurzeln beim Erbsen-Wicken-Gemenge und beim Senf sowohl hinsichtlich Stickstoff als auch Phosphorsäure bei KÖHNLEIN und VETTER höher als bei BALTZER, nicht jedoch beim Mais, wahrscheinlich auch nicht bei der Sonnenblume, bei der allerdings der Vergleich erschwert ist. Die Differenzen erklären sich aus dem Entwicklungszustand der untersuchten Pflanzen: Bei KÖHNLEIN und VETTER stehen Erbsen-Wicken-Gemenge nach Wintergerste, und die Zwischenfruchtpflanzen sind jünger und eiweißreicher; bei BALTZER folgen sie auf Winterraps, und die Zwischenfruchtpflanzen sind älter und eiweißärmer. Umgekehrt steht der Mais bei KÖHNLEIN und VETTER in Zweitfrucht-, bei BALTZER in Zwischenfruchtstellung. Nach beiden Untersuchungen ist der prozentuale Gehalt der Wurzeln, besonders an N, höher als der der Stoppeln, und auch beim Vergleich von Erbsen-Wicken-Gemenge mit den Nichtleguminosen bestätigen sich bei KÖHNLEIN und VETTER die Befunde von BALTZER. Das Erbsen-Wicken-Gemenge wird, besonders in Hinsicht auf den N-Anteil in den Wurzeln, von keiner Nichtleguminose erreicht.

Absolute Nährstoffmengen. Hier liegen die Verhältnisse anders. Die Gesamt-N-Hinterlassenschaft ist, unabhängig von der Fruchtfolgeposition der Zwischenfrüchte, bei BALTZER höher als bei KÖHNLEIN und VETTER, zurückzuführen auf die größere Trockensubstanzmenge der Ernterückstände. Bei der P_2O_5 sind nur noch beim Erbsen-Wicken-Gemenge die Werte von BALTZER höher als die von KÖHNLEIN und VETTER. Beim Mais und bei der Sonnenblume macht sich deren günstigere Fruchtfolgeposition bzw. längere Wachstumszeit bei KÖHNLEIN und VETTER in höheren Werten geltend.

Je nach Erstfrucht bzw. deren zeitlichen Feldräumung und biologischen Hochwertigkeit, damit ihrem Entwicklungszustand und Alter, auch nach Bodenbonität und Klimagunst wird der Ernterückstand nach Menge und Inhalt und absolutem Nährstoffrückstand sich immer in mehr oder weniger weiten Grenzen bewegen. Wohl aber müßten sich zwischen dem Erbsen-Wicken-Gemenge einerseits und den Kohlehydratträgern andererseits über alle Unterschiede der Versuchsanstellung hinweg einigermaßen gradlinige Beziehungen ergeben, wenn man die Gesamt-Nährstoffrückstände des Erbsen-Wicken-Gemenges = 100 setzt:

	N		P_2O_5	
	K./V.	Ba.	K./V.	Ba.
Erbsen-Wicken-Gemenge	100	100	100	100
Mais	57	40	93	66
Sonnenblume	41	34	76	42
Senf	30	17	34	27

Die Werte von BALTZER fallen bei beiden Nährstoffen stärker ab als die von KÖHNLEIN und VETTER. Aber es besteht grundsätzlich Gleichsinnigkeit: Hier wie dort folgen sämtliche Nichtleguminosen der Zwischenfrüchte in den Nährstoffrückständen dem Erbsen-Wicken-Gemenge in großer Distanz, besonders beim Stickstoff, und die relativen Intervalle von der einen zur anderen Zwischen-

frucht sind bei beiden Ergebnissen so gleichmäßig, wie man sie bei Versuchen mit so unterschiedlichen Voraussetzungen nicht übereinstimmender erwarten kann. Besonders wichtig sind die Ergebnisse beim Stickstoff. Man darf wohl sagen, daß die Ergebnisse BALTZERs durch die von KÖHNLEIN und VETTER so weit bestätigt sind, daß unter Mitberücksichtigung unserer — nachher zu erörternden — bodenphysikalischen Befunde und der Ergebnisse anderer Forscher die Folgerungen hinsichtlich der Humusbildung, überhaupt hinsichtlich der kulturellen Beschaffenheit des hinterlassenen Standortes im Vergleich von Hülsenfruchter und Nichthülsenfruchter eine verläßliche Grundlage haben.
Oberirdisches und Unterirdisches stehen bei den Früchten in einer gewissen Relation. Also müßten auch die oberirdischen Erträge bestimmte Beziehungen zu den Ernterückständen aufweisen.

Tabelle 30 b

Oberirdische Erträge in dz/ha und Gesamt-Ernterückstände in kg/ha

	Grünmasse nach		Trocken-masse nach		Ernterück-stände nach		Anbauform	
	K./V.	Ba.	K./V.	Ba.	K./V.	Ba.	K./V.	Ba.
Erbsen-Wicken-Gemenge	207	292,8	24	41,5	833	2388	Stoppelfr.	Stoppelfr.
Mais	445	129,8	83	12,4	1721	1360	Zweitfr.	
Sonnenblume	475	407,8	52	52,3	1176	1518	Hauptfr.	
Senf	117	137,2	12	18,6	878	906	Stoppelfr.	

Es bestehen tatsächlich Parallelen, wenn auch keine mathematisch genauen, zwischen dem oberirdischen Ertrag und dem Ernterückstand. Die Gunst und Ungunst der Fruchtfolgestellung ist an dem Ertrag oben und unten deutlich erkennbar. Erbsen-Wicken-Gemenge und Senf, die in beiden Fällen Zwischenfruchtstellung haben, liegen bei BALTZER höher als bei KÖHNLEIN und VETTER, besonders das Erbsen-Wicken-Gemenge. Umgekehrt sind beim Mais sämtliche Werte bei KÖHNLEIN und VETTER als Folge seiner Zweitfruchtstellung wesentlich höher als bei BALTZER, bei dem er als Zwischenfrucht stand. Praktisch wichtig ist das Verhalten der Sonnenblume. Sie bringt in beiden Fällen, Hauptfrucht bei KÖHNLEIN und VETTER und Stoppelfrucht bei BALTZER, annähernd gleiche oberirdische Erträge und nur wenig abweichende Ernterückstände. Der Mais ist nur als Zweitfrucht möglich, die Sonnenblume produziert in relativ kurzer Zeit große Massen, sie ist für den Zwischenfruchtbau geeignet.

Bodenphysik

Für diese Untersuchungsrichtung wurden in der einschlägigen Literatur keinerlei Arbeiten gefunden, wenigstens nicht für die zur Erörterung stehenden Früchte, die man zu einem Vergleich heranziehen könnte. Andererseits ist dieses bislang etwas vernachlässigte Gebiet, in diesem Falle die bodenphysikalischen Zustände im Vergleich der Standorte nach Hülsenfrucht- und Nichtleguminosen-Zwischenfrucht, als wesentlicher Faktor der Vorfrucht-Gesamtwirkung zu betrachten. Es sollen deshalb unsere eigenen Befunde, ebenfalls von BALTZER, mitgeteilt werden.

Tabelle 31

Die bodenphysikalischen Zustände nach den verschiedenen Zwischenfrüchten

	0—10 cm Tiefe			
	H_2O-Kapazität Vol.-%	H_2O-Gehalt Vol.-%	Wassergehalt in % d. Kapazität	Poren-Volumen Vol.-%
	1	2	3	4
Erbsen-Wicken-Gemenge	48,2 ± 0,67	24,1 ± 0,84	50,0	51,0 ± 1,25
Mais	43,0 ± 0,55	29,0 ± 0,54	66,7	47,6 ± 0,90
Sonnenblume	48,0 ± 1,13	17,5 ± 0,55	36,5	49,7 ± 1,94
Hirse	44,1 ± 1,40	30,2 ± 0,71	68,2	47,6 ± 1,23
Senf	47,4 ± 0,67	24,2 ± 0,88	51,1	50,4 ± 0,91
∅	46,2	25,0	54,1	49,4

	10—20 cm Tiefe			
	H_2O-Kapazität Vol.-%	H_2O-Gehalt Vol.-%	Wassergehalt in % d. Kapazität	Poren-Volumen Vol. %
	5	6	7	8
Erbsen-Wicken-Gemenge	45,2 ± 1,00	26,6 ± 0,50	58,8	47,7 ± 0,87
Mais	44,8 ± 0,67	28,3 ± 0,35	62,9	49,3 ± 0,46
Sonnenblume	45,4 ± 1,23	19,3 ± 0,52	42,3	44,9 ± 1,35
Hirse	45,9 ± 0,45	29,2 ± 0,43	63,6	49,5 ± 0,55
Senf	47,2 ± 1,06	24,4 ± 0,80	51,7	49,7 ± 1,12
∅	45,7	25,5	55.8	48,2

Wasserkapazität

Da die Stellen der Probeentnahme mit dem Stechzylinder nach v. NITZSCH auf kurze Entfernung benachbart waren, handelt es sich auf der gesamten Versuchsfläche um einen weitgehend homogenen, in der Wasserhaltefähigkeit — Ton- und Humusgehalt — gleichgestellten Boden. Dementsprechend weisen die Werte für die Kapazität (Zahlenreihen 1 und 5) unter den verschiedenen Zwischenfrüchten sowohl in der oberen als auch in der unteren Krume nur geringe, dicht um einen Mittelwert liegende Unterschiede auf. Jedenfalls sind die bestehenden Differenzen nicht auf eine unterschiedliche Wirkung der Zwischenfrüchte zurückzuführen. Wohl aber ist kennzeichnend für den spezifischen Wasserentzug der

Wassergehalt, besonders der auf die Kapazität bezogene

Die Werte stehen in den Rubriken 2 und 3 für die obere und 6 und 7 für die untere Krume. Bei ihrer starken Massenleistung beansprucht die Sonnenblume den Wasservorrat ihres Standortes am stärksten, sehr viel stärker als Hirse und Mais mit ihrer geringeren Produktion. Unter Erbsen-Wicken-Gemenge und Senf erreicht der Wasserentzug mittlere Werte. Das gilt für oben wie für unten. Die festgestellten Differenzen sind bedeutend und liegen weit außerhalb der Fehlergrenzen. Zwischen dem Erbsen-Wicken-Gemenge als Vergleichsbasis und der Sonnenblume besteht im Mittel von oben und unten eine Differenz von 7 Vol.-%. Auf dem Hektar entspricht das auf die Schicht von 20 cm einem Mehr von 1400 hl Wasser zugunsten des Erbsen-Wicken-Gemenges. Zwischen letzterem und dem Mais besteht auf dem Hektar eine Differenz von 650 hl, aber zugunsten des Maises. Jedenfalls ergibt sich eine erhebliche Differenz in dem Wasserhaushalt des Standortes nach Mais einerseits und Sonnenblume andererseits. Wieweit sich diese auf eine größere Wasserökonomik, einen geringeren Transpirationskoeffizienten des Maises zurückführen läßt und wieweit seine geringere Massenleistung an der Differenz beteiligt ist, geht aus den Werten nicht hervor. Besonders deutlich kennzeichnen die auf die Kapazität bezogenen Wassergehalte den unterschiedlichen Entzug: Sonnenblume am höchsten, Mais und Hirse am geringsten.

Porenvolumen

Das Porenvolumen ergibt sich aus der Summe der wasser- und lufterfüllten Hohlräume im natürlich gelagerten Boden. Ein großes Porenvolumen ist auf mittlerem und schwerem Boden normalerweise Anzeichen für die lockerere, strukturell hochwertigere, ein kleineres ein Kriterium für die dichtere Lagerungsweise des Bodens. Ein Boden gilt als gesund, wenn sein Porenvolumen etwa 50% beträgt. Danach hinterläßt in der oberen Krume das Erbsen-Wicken-Gemenge den lockersten, der Mais den dichtesten Standort, und die Sonnenblume steht mit einem guten Wert in der Mitte. In der unteren Krume ist die Beziehung anders: beim Mais am höchsten, bei der Sonnenblume am niedrigsten, und das Erbsen-Wicken-Gemenge steht in der Mitte. Der besseren Übersicht halber wurde der Mittelwert zwischen oben und unten errechnet. Er zeigt die durchschnittlichen Verhältnisse in der Schicht 0—20 cm an und beträgt

für das Erbsen-Wicken-Gemenge	49,4%	Porenvolumen
für den Mais	48,4%	,,
für die Sonnenblume	47,3%	,,

Das Erbsen-Wicken-Gemenge nähert sich dem Idealwert von 50 am meisten, es folgt der Mais; die Sonnenblume zeigt mit ihrem in der Mitte zwischen 50 und 45 liegenden Wert bereits eine leichte Bodenverdichtung an. In jedem, auch dem physikalisch gesunden Boden nimmt das Porenvolumen nach der Tiefe zu allmählich ab, wie es hier beim Erbsen-Wicken-Gemenge und der Sonnenblume der Fall ist. Umgekehrte Verhältnisse, wie beim Mais, sind bodenstrukturell unerwünscht und deuten, wohl noch nicht in diesem, aber im extremen Fall, auf oberirdische Verkrustung, welche die Wegsamkeit des Bodens für Luft, Wasser und Wärme herabsetzt und im Extrem zur völligen Unwegsamkeit führen kann und dabei auch noch die Gefahr der Bodenerosion erhöht.

Zusammenfassend sei zur Bodenstruktur, am Porenvolumen gemessen, hervorgehoben: Der vom Erbsen-Wicken-Gemenge hinterlassene Standort ist am hochwertigsten, während der der Sonnenblume bereits leichte Verdichtungserscheinungen zeigt und der Mais in der Mitte steht. Doch sind die Differenzen zwischen dem Erbsen-Wicken-Gemenge einerseits und den beiden Kohlehydratlieferanten andererseits nicht so bedeutend, daß man bereits von einer starken physikalischen Verschlechterung oder gar von einer Bodendegeneration sprechen könnte, auch nicht bei der Sonnenblume. Man darf vielleicht am besten so sagen: Während das Erbsen-Wicken-Gemenge seinen Standort strukturell-kulturell verbessert, wirken Mais und Sonnenblume mehr getreideähnlich, haben einen geringeren Vorfrucht- und Kulturwert. Doch ist das Porenvolumen noch kein unbedingt eindeutiger und zuverlässiger Maßstab für das strukturelle Gefüge, weil es in seinem Rahmen die flüssige und luftförmige Phase nicht voneinander abgrenzt. Restlos klaren Einblick in die tatsächlichen strukturellen Verhältnisse geben erst die Werte für die feste, flüssige und luftförmige Phase. Erst deren gleichzeitige Berücksichtigung gewährleistet ein völlig einwandfreies und zahlenmäßig bestimmtes Bild von der relativen Verteilung der drei Phasen in der Raumeinheit natürlich gelagerten Bodens und von seinem eigentlichen strukturellen Aufbau.

Feste, flüssige und luftförmige Bodenphase und die gegenseitige Beziehung dieser drei Größen

Die luftförmige Bodenphase ergibt sich aus der Differenz zwischen dem Porenvolumen und dem Wassergehalt in Vol.-%, und die feste Phase ist die Differenz zwischen dem Bodenvolumen = 100 und dem Porenvolumen. Zufolge dieser zahlenmäßigen Beziehungen entsteht das folgende Zahlenbild:

Tabellen 32

Anteil der drei Bodenphasen am Bodenvolumen in Vol.-%

	0—10 cm Tiefe				10—20 cm Tiefe			
	Porenvolumen	Phasen in Vol.-%			Porenvolumen	Phasen in Vol.-%		
		feste	flüssige	luftförmige		feste	flüssige	luftförmige
Erbsen-Wicken-Gemenge	51,0	49,0	24,1	26,9	47,7	52,3	26,6	21,1
Mais	47,6	52,4	29,0	18,6	49,3	50,7	28,3	21,0
Sonnenblume	49,7	50,3	17,5	32,2	44,9	55,1	19,3	25,6
Hirse	47,6	52,4	30,2	17,4	49,5	50,5	29,2	20,3
Senf	50,4	49,6	24,2	26,2	49,7	50,3	24,4	25,3
Ø	49,2	50,8	25,0	24,2	48,2	51,8	25,6	22,6

Die Darstellung XII zeigt die Beziehung der 3 Phasen (hinsichtlich des von ihnen eingenommenen Raumes) und damit den strukturellen Aufbau des Bodens unter den drei wichtigsten Sommerzwischenfrüchten zwar schematisch, aber doch deutlich.

Von einem gesunden Boden fordert man ungefähr durchschnittlich 50% feste Bodenbestandteile und 50% Porenvolumen. Letzteres soll sich, ebenfalls durchschnittlich, aus 30% Bodenfeuchtigkeit und 20% Bodenluft zusammensetzen. Betrachtet man von dieser theoretischen Relation aus die ermittelten Werte, dann ergibt sich:

Darstellung XII

Frucht	fest	flüssig	luftf.	cm
Erbsen-Wicken-Gemenge	49,0 fest	24,1 flüssig	26,9 luftf.	0 bis 10
	(50,6)*	(25,4)	(24,0)	
	52,3 fest	26,6 flüssig	21,1 luftf.	10 bis 20
Mais	52,4 fest	29,0 flüssig	18,6 luftf.	0 bis 10
	(51,5)	(28,7)	(19,8)	
	50,7 fest	28,3 flüssig	21,0 luftf.	10 bis 20
Sonnenblume	50,3 fest	17,5 flüss.	32,2 luftf.	0 bis 10
	(52,7)	(18,4)	(28,9)	
	55,1 fest	19,3 flüss.	25,6 luftf.	10 bis 20

* Die eingeklammerten Zahlen sind das arithmetische Mittel der insgesamt untersuchten Bodentiefe 0 bis 20 cm

Feste Bodenbestandteile. In der oberen Krume deutet der niedrige Wert beim Erbsen-Wicken-Gemenge die lockere Lagerung des hinterlassenen Standortes an, der hohe den etwas verdichteten Mais, während die Sonnenblume mittlere Verhältnisse schafft. In der unteren Krume sind die Zustände etwas anders, so daß sich im Durchschnitt der Tiefe 0 bis 20 cm die Beziehung Erbsen-Wicken-Gemenge : Mais : Sonnenblume = 50,6 : 51,5 : 52,7 ergibt. Es wurde schon gesagt: Auch im gesunden Boden nimmt nach unten die Porung ab und die feste Phase äquivalent zu. Dem widerspricht der Standort des Maises. Die Sonnenblume hinterläßt einen in der unteren Krume stärker gefestigten Boden.
Schon bezüglich der festen Phase vermögen Mais und Sonnenblume die Bodenstruktur nach Erbsen-Wicken-Gemenge nicht zu erreichen.

Bodenfeuchtigkeit. Unter Hinweis auf den Abschnitt „Wassergehalt, besonders der auf die Kapazität bezogene" möge hier noch einmal der außerordentlich starke Wasserentzug durch die Sonnenblume im Vergleich zum Erbsen-Wicken-Gemenge herausgestellt sein, während der Mais einen gut feuchten Boden hinterläßt.

Bodenluft. Nach allen Untersuchungen natürlich gelagerter Böden stellt auf allen feinerdereichen Böden unter den bodenphysikalischen Daten die Wertzahl für die luftförmige Phase eine Größe von besonderer Bedeutung dar. Auf mittleren und schweren Böden ist die Bodenluft häufig im Minimum, und hier entspricht durchgehend der höheren Luftführung auch der höhere Grad der physikalischen Bodenbonität in dem Sinne, daß pflanzliche Stoffbildung und Produktionsleistung in unmittelbarer Abhängigkeit von dieser Größe stehen. Diese Tatsache wurde schon mehrfach in anderem Zusammenhang überzeugend nachgewiesen. Das ist nicht überraschend, wenn man der bedeutsamen Funktionen der Bodenluft gedenkt: Voraussetzung für Bakterien- und Wurzelatmung; Vermittlerin der Bodenwärme; Trägerin des O_2/CO_2-Austausches und aller Oxydationsvorgänge organischer und anorganischer Art.

Wenn wir den Wert von 24,0 unter dem Erbsen-Wicken-Gemenge als Grundlage und ungefähres Idealmaß und theoretisch die Werte 18 bis 20 als unterste Grenze der notwendigen Durchlüftung für Ackerland betrachten, dann hinterläßt die Sonnenblume mit 28,9 einen übersteigert durchlüfteten Boden. Der Maisstandort weist auch hier, eine leichte Degeneration andeutend, zusätzlich zu seiner an sich geringen Luftführung in der unteren Krume einen höheren Wert auf als in der oberen. Die übersteigerte Luftführung des Bodens nach der Sonnenblume ist ursächlich auf den stark herabgesetzten Wassergehalt zurückzuführen. Ein Teil der normalerweise der Wasserführung dienenden Poren war z. Z. der Probeentnahme lufterfüllt.

Zusammenfassung der Einzelwirkungen

Wenn man die einzelnen Befunde übersichtlich zusammenfassen will, um ein Urteil über den Gesamtkulturwert zu ermöglichen, dann geht man am sinnvollsten von der bislang hinsichtlich der Fläche führenden Stoppelsaat, dem Erbsen-Wicken-Gemenge, aus und beschränkt sich bei dem Vergleich auf diejenigen Früchte, die für einen Eiweiß-Stärkewert-Ausgleich im Stall künftig vermehrt an dessen Stelle treten sollen, Mais und Sonnenblume.

Tabelle 33

Gegenüberstellung von Erbsen-Wicken-Gemenge einerseits und Mais und Sonnenblume andererseits in den untersuchten Einzelfaktoren

		Erbsen-Wicken-Gemenge	Mais	Sonnenblume
1. Masse der Ernterückstände		23,88 dz/ha Trockensubstanz	−43%	−37%
2. Hinterlassene N-Menge als wichtigste Voraussetzung für eine Bildung von Dauerhumus		56,98 kg N/ha	−60%	−66%
3. Bodenphysikalische Zustände in Vol.-%				
a) Porenvolumen	oben	51,0	−3,4	−1,3
	unten	47,7	+2,2	−2,8
b) Feste Phase	oben	49,0	+3,4	+1,7
	unten	52,3	−1,6	+2,8
c) Flüssige Phase	oben	24,1	+4,9	−6,6
	unten	26,6	+1,6	−7,4
d) Luftförmige Phase	oben	26,9	−8,3	+5,3
	unten	21,1	±0	+4,6

Silomais

Die Ernterückstände sind fast um die Hälfte geringer und infolge wesentlich niedrigerer N-Rückstände weniger zur Dauerhumusbildung bereit. Die bodenphysikalischen Zustände zeigen im Vergleich zum Erbsen-Wicken-Gemenge eine Verschlechterung: verringertes Porenvolumen, höherer Anteil an festen Bodenbestandteilen, schlechtere Luftführung. Die bessere Ausbildung dieser drei physikalichen Werte im unteren Teil der Krume deutet eine Verkrustung der Oberfläche, also eine Degenerationserscheinung, an, denn in einem fruchtbaren Boden liegen die Verhältnisse normalerweise umgekehrt. Auch der größere Wasseranteil nach Mais verleiht dieser Pflanze keine unbedingte Vorzugsstellung, da ein mäßig höherer Wasserentzug durch Herbstnässe und Winterfeuchtigkeit schon im semiariden, erst recht im semihumiden Bereich ausgeglichen wird.

Sonnenblume

Verglichen mit dem Erbsen-Wicken-Gemenge, sind die Verwesungsrückstände um $^1/_3$ und deren N-Hinterlassenschaft um $^2/_3$ geringer. Die Verrottung wird noch weniger als beim Mais in der Richtung stabiler Humusbildung gesteuert werden. Auch unter ihr haben die bodenphysikalischen Zustände eine allerdings etwas anders gerichtete Verschlechterung erfahren. Das Porenvolumen hat ebenfalls ab- und der Anteil an fester Bodensubstanz zugenommen. Im Rahmen des Hohlraumvolumens ist die Beziehung flüssig zu luftförmig sowohl gegenüber dem Erbsen-Wicken-Gemenge als auch gegenüber dem Mais erheblich gestört. Infolge Feuchtigkeitsverarmung sind die normalerweise feuchtigkeitsführenden Poren lufterfüllt. Der Standort ist anscheinend bis zur Schwerbenetzbarkeit beansprucht und verbietet im Gegensatz zum Erbsen-Wicken-Gemenge und Mais ohne den Ausgleich durch Herbstnässe und Winterfeuchtigkeit eine sofortige Wiederbestellung im Herbst, etwa mit Winterweizen. Angesichts der erheblichen Bodenaustrocknung stellt die erhöhte Luftzuführung in diesem Falle keinen Vorteil dar. Gegenüber dem Mais zeigt die Sonnenblume einige Vorteile, aber noch schwerer wiegende Nachteile. Sie erreichen jedoch beide nicht die volle Gründüngungswirkung der hülsenfrüchtigen Zwischenfrucht, wobei die Sonnenblume noch hinter dem Mais stehen dürfte. Zur vollen Erlangung der Garebereitschaft ihres Standortes bedürfen sie in sorgfältig gepflügtem Zustande des wasserwirtschaftlichen und garefördenden Ausgleichs durch die Einflüsse des Winters und der stallmistgedüngten und gut gepflegten Kartoffel als Folgefrucht. Immerhin scheint der von ihnen hinterlassene Standort garebereiter, wenn auch wasser- und nährstoffärmer zu sein als der Acker, der überhaupt keine Zwischenfrucht getragen hat. Aber insgesamt wirken sie strukturell getreideähnlich, die Sonnenblume mehr als der Mais.

Mit der unterlegenen Gründüngungswirkung, die immerhin eine wesentliche Teilfunktion des Zwischenfruchtbaues ist, muß sich der Bodenwirt seinem Kuhstall zuliebe beim kohlehydratschaffenden Nichthülsenfruchter abfinden. Er hat aber sehr einfache Gegenwirkungsmöglichkeiten.

Gesamtwirkung

Wir haben die Einzelwirkungen der Gesamtwirkung zu analysieren versucht, und zwar die Ernterückstände nach Menge und Chemismus sowie die bodenphysikalischen Zustandsänderungen durch die verschiedenen Zwischenfrüchte. Die Bodenfruchtbarkeit, das Leistungsvermögen des Bodens, ist aber eine Funktion des Gesamtbodens, bei der sich das verwirrend vielfältig zusammenwirkende chemisch-physikalische, chemische und biologische Reaktionssystem Boden beteiligt. Auch bei größter Sorgfalt wird dem pflanzenbaulichen Experimentator der eine oder andere mehr oder weniger maßgebend mitwirkende Faktor entgehen. Andererseits ist es von vornherein unmöglich, aus Befunden auf dem einen oder anderen Gebiet eine endgültige Aussage über die Bodenfruchtbarkeit machen zu wollen. Man ergänzt deshalb derartige Analysen grundsätzlich durch Feldversuche. BALTZER hat aus diesem Grunde den Vorfruchtwert der Stoppelsaaten durch Ertragsfeststellungen der unmittelbaren Folgefrucht, Kartoffeln, im exakten Feldversuch zu erfassen versucht. Bei letzterem verzichtet man bewußt auf die Ermittelung der im einzelnen mitwirkenden Faktoren und erfaßt deren Summenwirkung. Der exakte Feldversuch ist das einfachste und primitivste, gleichwohl das beste Verfahren, die Auswirkung einer acker- und pflanzenbaulichen Maßnahme sicher zu ermitteln.

Eigene Versuche

Bedauerlicherweise sind die Versuche erst zweijährig, aus den Jahren 1954 und 1955, und erst von 1955 ab in ihren Versuchsgliedern in der notwendigen Vollständigkeit durchgeführt. Versuchsfrucht, an deren Ertrag der Vorfruchtwert der Zwischenfrüchte gemessen wurde, war in beiden Jahren die Kartoffel.

Der Versuch des Jahres 1954. Erstfrucht war 1953 Wintergerste, der anschließend die Stoppelsaaten folgten. Im Frühjahr 1954 wurden bei vierfacher Wiederholung, parzellenweise getrennt, auf den Umbruch der einzelnen Zwischenfrüchte Kartoffeln, *Aquila*, gepflanzt. Zu den Kartoffeln wurde eine durchschnittliche Stallmist- und Handelsdüngung gegeben.

Der Versuch des Jahres 1955 enthielt alle uns interessierenden Zwischenfrüchte und war dahin vervollkommnet, daß deren Stoppeln im Herbst vor der Tieffurche zur vollkommeneren Verrottung auf der einen Parzellenhälfte eine Düngung mit 1 dz/ha schwefelsaurem Ammoniak erhielten. Erstfrucht der Zwischenfrüchte war 1954 Winterraps. Im Frühjahr 1955 wurden in versuchsmäßiger Anordnung Kartoffeln, *Cornelia*, gepflanzt. Die Kartoffeln selbst erhielten im Frühjahr nur eine Kaliphosphatdüngung, aber keinen Stallmist und keinen Stickstoff (Tab. 34).

1954 sind die Sonnenblumen dem Erbsen-Wicken-Gemenge ebenbürtig, aber die Hirse bleibt zurück. Der Versuch des Jahres 1955 ist aufschlußreicher. Wesentlich und grundsätzlich ist die Gegenüberstellung von „ohne Stickstoff" und „herbstlicher Ammoniakgabe" — Tab. 34.

1. Ohne herbstliche N-Düngung in Ammoniakform bleibt die Gesamtheit der Nichthülsenfruchter in ihrem Einfluß auf Massenertrag und Stärkeleistung der nachfolgenden Kartoffel erheblich hinter dem Erbsen-Wicken-Gemenge zurück, am meisten die Sonnenblume.

Tabelle 34

Kartoffelerträge nach verschiedenen Zwischenfrüchten

Vorfrucht	Kartoffelertrag dz/ha	Kartoffelertrag rel.	Stärke %	Stärke dz/ha	Stärke rel.	Kartoffelertrag dz/ha	Kartoffelertrag rel.	Stärke %	Stärke dz/ha	Stärke rel.
1954										
Erbsen-Wicken-Gemenge	343	100	15,0	51,4	100					
Sonnenblume	342	100	14,8	50,8	99					
Hirse	313	92	15,5	48,5	94					
1955	Ohne herbstliche N-Düngung aller Parzellen					Bei zusätzlicher herbstlicher N-Düngung (1 dz/ha schwefels. Ammoniak auf allen Parzellen)				
Erbsen-Wicken-Gemenge	283	100	15,1	42,67	100	275	100	14,8	40,65	100
Mais	257	91	14,4	37,00	87	278	101	14,6	40,60	100
Sonnenblume	242	85	14,6	35,35	83	259	94	14,7	38,03	93
Hirse	259	91	14,3	37,16	87	266	97	14,4	38,26	94
Senf	258	91	14,7	37,92	89	274	100	14,8	40,60	100
GD 5%	22	8				22	8			

2. Bei Zugabe von 1 dz/ha schwefelsaurem Ammoniak auf die Stoppel der Zwischenfrucht vor der herbstlichen Tieffurche erhöht sich die Vorfrucht-Leistung der Nichthülsenfruchter ausnahmslos und bedeutend. Sie wird bei Mais und Senf fast ebenso hoch wie bei Erbsen-Wicken-Gemenge, während Hirse und Sonnenblume nur annähernde Werte erreichen.

3. Man darf wohl annehmen, daß sich durch Erhöhung der N-Gabe auf 2 dz/ha schwefelsaures Ammoniak oder noch besser Kalkstickstoff volle Ebenbürtigkeit mit dem Erbsen-Wicken-Gemenge erreichen läßt, auch bei der Sonnenblume.

Im Vergleich der uns besonders interessierenden Nichtleguminosen, Mais und Sonnenblume, bestätigt sich tatsächlich der Befund der Einzeluntersuchungen, nach denen die Sonnenblume dem Mais in den bodenchemischen und bodenphysikalischen Zuständen des hinterlassenen Standortes unterlegen ist. — Eine wesentliche Teilwirkung der fruchtbarkeitssteigernden Gründüngungsgesamtwirkung stellt nach allgemeiner Ansicht die gerade dem Hülsenfruchter gegebene Fähigkeit dar, als Endprodukt des Humifizierungsprozesses wertvolle stabile Huminsäuren zu bilden. Diese Fähigkeit beruht beim Erbsen-Wicken-Gemenge auf hohem Gehalt an schwer zersetzlichem N (1,49 bzw. 2,79%) und den starken absoluten N-Rückständen (57 kg/ha) als einer der wesentlichsten Voraussetzungen der Dauerhumusbildung, die bei den Nichtleguminosen-Zwischenfrüchten nicht in gleichem Umfange gegeben ist. Offenbar läßt sich aber durch zusätzliche

Stickstoffdüngung eine gewisse Annäherung erreichen. Dafür kann man Parallelen aus Praxis und Wissenschaft anführen. Aus der Praxis: Kompost- und vor allem Stallmistbereitung mit Kalkstickstoff; Verrottung hoher Getreidestoppeln und strohigen Mistes mit Kalkstickstoff; Überführung des angehäuften Gramineenhumus nach mehrjährigem Grassamenbau durch ein stark gesätes Erbsen-Wicken-Gemenge in stabilen Humus; Schwarzerdeentstehung aus einer mit Leguminosen durchsetzten Grasvegetation im Steppenklima. Aus der Wissenschaft: MICHAEL und WILBERG berichten von einem Modellversuch, der auf die Entstehung von stabilem Humus aus reinem Gramineenstroh gerichtet war. Die Zersetzungsprodukte der am stärksten mit Kalkstickstoff behandelten Gefäße zeigten ausgeprägt alle spezifischen Kennzeichen und Eigenschaften stabiler Humuskörper, als wichtigste eine Steigerung der Sorptionskapazität von der geringen über die mittlere zur hohen Kalkstickstoffgabe, von 195 über 219 auf 237 mval/100 g Substanz und eine Verengerung des C/N-Verhältnisses von 70 : 1 über 40 : 1 auf 25 : 1. Auf dem Acker erfolgt diese Veredelung des Rotteprozesses durch 2 dz/ha schwefelsaures Ammoniak, wahrscheinlich besser Kalkstickstoff, die man im Herbst vor der Tieffurche gibt. Die reine Salpeterform dürfte ungeeignet sein, aus zwei Gründen: Einmal ginge das nicht sorptionsfähige NO_3- Anion durch die Niederschläge während der vegetationslosen Zeit verloren, und zum anderen wird nur das NH_4-Kation, nicht das NO_3-Ion, also Stickstoff in reduzierter Form in die Huminsäure eingebaut. Am besten wirken für diesen Sonderzweck wohl Kalkstickstoff und Harnstoff, die den Stickstoff in Amidbindung enthalten, nach ihnen die Ammoniakverbindungen.

Wie die Verhältnisse auch liegen mögen — unbedingt vorrangig sind in diesem Falle die Belange der Viehwirtschaft, und diese fordern für mitteldeutsche Verhältnisse den in seinem Ausmaß landschaftlich bestimmten Anbau der kohlehydratschaffenden Massenproduzenten zum Eiweiß-Stärkewert-Ausgleich der Rationen und damit zur Ermöglichung der tierischen Höchstleistung. In der Gründüngungswirkung ist die Nichtleguminose der Leguminose a priori nicht voll ebenbürtig. Es konnte gezeigt werden, daß man die Vorfrucht- und Kulturwirkung der Nichtleguminose derjenigen der Leguminose zumindest nähern kann, wenn man zur Bildung höchstwertiger Humusformen Stickstoff in Ammoniak-, wahrscheinlich besser in Amidform auf die Stoppeln des Nichthülsenfruchters gibt. Bedauerlicherweise sind die Versuche zu kurzfristig, so daß die obige Folgerung von der kulturellen Annäherungsmöglichkeit von Leguminose und Nichtleguminose durch N-Düngung vorerst nur bedingte Gültigkeit haben kann. Es seien deshalb auch noch Versuche anderer erwähnt.

Versuche anderer

In der Literatur sind voll einschlägige Versuche, insbesondere solche mit vergleichender Gegenüberstellung von Erbsen-Wicken-Gemenge einerseits und Mais und Sonnenblume andererseits, schwer zu finden. Von parallelen Befunden berichtet v. BOGUSLAWSKI [11]. Allerdings hat er mit anderen Gründüngungspflanzen und auch mit etwas anderer Fragestellung gearbeitet. Nach ihm sind die Erfahrungen der Praxis über die Gründüngungswirkung des Nichthülsenfruchters unterschiedlich, und BERKNER und MITSCHERLICH messen ihm überhaupt keinen Wert bei. v. BOGUSLAWSKI teilt aus den Jahren 1950/51 eine umfangreiche, ebenfalls nur einjährige Versuchsreihe mit Kartoffeln, *Vera*, als Folgefrucht nach Gründüngung mit:

Tabelle 35

Wirkung von Gründüngung, Stallmist (300 dz/ha) und anorganischer Düngung (80 kg/ha N, 160 kg/ha K_2O, 68 kg/ha P_2O_5) bei Frühkartoffeln in absoluten Erträgen dz/ha und Ertragsklassen

	I Rotklee		II Weißklee		III ohne Gründüng.		IV Ölrettich		V Gelbklee	
	dz/ha	Ertr. Kl.	dz/ha	Ertr. Kl.	dz/ha	Ertr. Kl.	dz/ha	Ertr. Kl.	dz/ha	Ertr. Kl.
1. Gründüngung, abgefüttert	238	III	238	II	199	I	206	I	257	III
2. Gründüngung, untergepflügt	241	II	234	I	196	I	209	I	254	III
3. Anorganische Volldüngung.	268	IV	264	IV	256	II	284	V	300	V
4. Stallmist	249	II	249	III	188	I	204	I	262	III
5. Stallmist + anorg. Volldüngung	282	V	263	IV	261	III	281	V	290	V

Die Versuchsdurchführung weicht insofern von derjenigen BALTZERS ab, als hier — so muß man der Mitteilung entnehmen — der Stickstoff im Frühjahr unmittelbar zu den Kartoffeln gegeben wurde, während BALTZER den Stickstoff bewußt im Herbst auf die Gründüngungsstoppeln vor dem Umpflügen streute, um die Verrottung in Richtung einer überwiegenden Dauerhumusbildung zu steuern. Wenn man darin keinen grundsätzlichen Unterschied sehen will und für eine Urteilsbildung die von v. BOGUSLAWSKI mitgeteilte Gruppierung in Ertragswertklassen zugrunde legt — I die niedrigste, V die höchste und die dazwischen liegenden Ziffern die Zwischenstufen in allmählicher Steigerung kennzeichnend –, dann darf man folgern:

1. Die Ertragswertklassen IV und V, also die höchsten Erträge, konzentrieren sich in den Querreihen 3 und 5, dort, wo zu der Gründüngung noch zusätzlich Handelsstickstoff gegeben wurde.
2. Der Stallmist zur Gründüngung allein vermag die Kartoffelerträge nicht zu steigern — Vergleich der Querreihe 4 mit der 1 und 2.
3. Am überzeugendsten für das, was bewiesen werden soll, ist der Vergleich der Längsreihe IV mit III und mit den übrigen. Danach vermag die Nichtleguminosen-Zwischenfrucht (Ölrettich) gegenüber „ohne Gründüngung" die Kartoffelerträge nicht bzw. nur innerhalb der Fehlergrenzen zu steigern, bei zusätzlicher Handelsdüngung [3 und 5] aber steigen die Erträge nach Ölrettich, alle anderen Gründüngungsarten hinter sich lassend, bis zu den nur von Gelbklee erreichten Höchsterträgen.

Wenn auch in den versuchsmäßigen Einzelheiten, ja schon in der Versuchsabsicht, nicht völlig übereinstimmend, sind die Befunde von v. BOGUSLAWSKI doch eine wertvolle Bestätigung derjenigen von BALTZER, und zusammenfassend läßt sich sagen: Durch Handelsdüngung kann man die dem Hülsenfruchter unterlegene Gründüngungswirkung des Nichthülsenfruchters, die auch durch die bodenchemische und bodenphysikalische Arbeitsrichtung nachgewiesen wurde, ebenbürtig machen, zumindest nähern. Dabei dürfte es richtig sein, den Stickstoff in Ammoniak- oder Amidform bereits im Herbst vor dem Umpflügen der Gründüngungsstoppel zu geben und aus Gründen der vollen Kulturwirkung auch mit Stallmist zu düngen und Kartoffeln folgen zu lassen.

V. Der Gärraumbedarf, die Gärprozesse und die Ausweichmöglichkeiten in der Behälterfrage

V. Der Gärraumbedarf, die Gärprozesse und die Ausweichmöglichkeiten in der Behälterfrage

Eine entscheidende Voraussetzung und die letzte Vollendung der heutigen Futterwirtschaft, besonders einer solchen, wie sie hier vorgeschlagen wurde, ist die Bereitstellung des benötigten Gärraumes. Die Gärfutterbereitung ermöglicht es, die Futterversorgung der Wirtschaft auf eine gesicherte und ausgeglichene Grundlage zu stellen. Ein gesundes Gärfutter in nicht zu großen Mengen wirkt diätetisch, und die Verdaulichkeit ist gegenüber der grünen Ausgangsmasse kaum verändert.

Gärraumbedarf

Früher forderte man (K. FUCHS) für die RVE bei täglichen Gaben von 20 bis 25 kg Gärfutter ca. 5 m^3 Behälterraum allein für die Winterfütterung. TIEMANN und REHM (12) nehmen an, daß Bauernwirtschaften bis zu 75 ha Größe bei üblichem Viehbesatz etwa die doppelte Menge an m^3 benötigen, wie ihre ha-Zahl beträgt. Eine 50-ha-Wirtschaft müßte nach diesen Angaben über 100 m^3 Behälterraum verfügen. Unterstellt man für eine Wirtschaft dieser Größenordnung einen Besatz von 20 Kühen, 9 Stück älterem und 4 Stück jüngerem Jungvieh, insgesamt 29 RVE, dann ergibt sich rechnerisch genau je RVE ein Siloraum von 3,45 m^3. In Anbetracht dessen, daß nur die jungen eiweißreichen Zwischenfruchtpflanzen in ordnungsgemäße Silos kommen sollen, die leicht vergärbaren aber in zusätzliche Mieten, Erdgruben und Gruben mit festen Wänden, reduzierten die Autoren ihre Forderung auf 3 m^3 Siloraum/RVE. Häufiger wird aber die höhere Forderung nach 5 m^3 Behälterraum/RVE erhoben. Heute wird wesentlich mehr Gärfutter verwendet als früher. Gemäß der neuzeitlichen Entwicklung in der Fütterungstechnik erstreckt sich die Verfütterung von vergorenem Futter nicht nur auf den Winter, sondern auch gerade auf den Sommer. Nach den Tabellen 21, 22 und 26b für den Gesamtfutterbedarf sind in den Wirtschaften ohne Weide gut 8 und in den Weidebetrieben 7 m^3 Gärraum/RVE erforderlich. Auch wenn man rechnet, daß ein Teil des Behälterraumes zweimal im Jahr genutzt werden kann und daß die leicht vergärbaren Futterarten, besonders das Rübenblatt, zum großen Teil in behelfsmäßiger Form vergoren werden, haben 5 m^3 als Minimalforderung zu gelten, die meistens noch nicht ausreichen werden.

Theoretische Grundlage des Gärprozesses

Die Gärungsbedingungen sind biologischer, chemischer und physikalischer Natur und in vielfacher Wirkungsverzahnung voneinander abhängig.

Biologische Vorgänge

Bei der Vergärung von grünen Futterpflanzen entstehen durch Mikroorganismen konservierende und sterilisierende organische Säuren. Bis auf eine in Grenzen gehaltene Hefegärung sollen die Vorgänge unter weitgehender Ausschaltung von Verlusten an Nähr- und Wirkstoffen ganz überwiegend auf dem Wege der Milchsäuregärung verlaufen. Alle anderen Nebengärungen sind schädlich. Sie zerstören Nährstoffe, vor allem die Eiweißkörper, und führen zum Verderben des Futters. Die wichtigsten Gärfutterschädlinge sind: Die Schimmelpilze, die Buttersäurebakterien, die Essigsäurebakterien. Die Lebensbedingungen der wichtigsten Mikroorganismen im Gärfutterbehälter, die der nützlichen und der schädlichen sind:

Tabelle 36

	Ansprüche an[1])		
	Luft	Reaktion pH-Werte	Temperatur °C
Die nützlichen Lebewesen			
Die Kaltmilchsäurebakterien (Stäbchen)	nicht bedürftig	stark sauer, 4,0—3,5	niedrig, 25—35
Die echten Hefepilze	nicht bedürftig	stark sauer, um 3,0	niedrig, 20—35
Die schädlichen Lebewesen			
Die Schimmelpilze	stark bedürftig	anpassungsfähig	bis 50
Die Buttersäurebakterien	wenig bedürftig	sauer, aber höher als 4,2	33—40
Die Essigsäurebildenden (bes. Coli-Aerogenesbakterien)	stark bedürftig	sauer, etwa 5,0—4,0	niedrig, 25—35
Fäulniserreger	stark bedürftig	über 6,0	25—30

Es kommt bei den Vorgängen im Gärfutterbehälter auf eine schnelle und energische Milchsäuregärung an. Deren Grundstoffe sind die gärfähigen Kohlehydrate.

$$C_6H_{12}O_6 \qquad 2\,CH_3 \cdot CHOH \cdot COOH + 24\,\text{Cal}$$
$$676\,\text{Cal} \qquad 652\,\text{Cal}$$

Die Milchsäuregärung ist als Vorgang des intermediären Stoffwechsels keine mit Sauerstoff verbundene Oxydation, sondern eine unter Luftabschluß verlaufende Spaltung, bei der je 1 Mol Traubenzucker nur 24 Cal frei gesetzt werden, so daß auch nur geringe Nährstoffverluste entstehen. Unter sehr ähnlichen Bedingungen wie bei der Milchsäuregärung — Luftabschluß, stark saurer Bereich, niedrige

[1]) Unter Benutzung der Angaben von KELLNER/SCHEUNERT.

Temperaturen — verläuft als Nebengärung eine auf echten Hefepilzen beruhende alkoholische Gärung. Sie unterstützt die haltbarmachende Milchsäuregärung durch O-Verbrauch, erzeugt geschmackverbessernde Aromastoffe und verhindert zusammen mit der Milchsäuregärung die Entwicklung der durchweg O-liebenden Gärfutterschädlinge, deren Lebensvorgänge auch teils in etwas anderen Reaktionsbereichen, teils bei höheren Temperaturen ablaufen. Am wichtigsten ist die Verhinderung der Buttersäuregärung. Alle schädlichen Nebengärungen zersetzen die Kohlehydrate und Eiweißstoffe des Futters. Bei der Eiweißzersetzung kommt es zu Fäulnisprozessen, die das Futter verderben.

Nach dieser Darstellung über die Lebensbedingungen der den erwünschten Gärverlauf tragenden Mikroorganismen erscheinen zunächst Vergärung und Haltbarmachung grüner Futterstoffe relativ leicht. Man braucht im Gärfutterbehälter nur ihre Voraussetzungen — Kohlehydrate bzw. Zucker als Ernährungsgrundlage, absoluten Luftabschluß, stark sauren Bereich und niedrige Temperaturen — zu schaffen, wodurch die Lebensbedingungen der Buttersäurebakterien, Schimmelpilze, Essigsäurebildner und Eiweißzersetzer — vor allem Luft, weniger saure Reaktion und höhere Temperaturen — automatisch unterbunden, zumindest stark gehemmt sind. In der Praxis der Vergärung ist das jedoch keineswegs so leicht, weil die gegenseitigen Lebensbereiche der nützlichen und schädlichen Mikroorganismen, vor allem die der Milchsäure- und Buttersäurebakterien, nahe beieinanderliegen, an ihren Grenzen teilweise ineinandergreifen.

Das praktisch Entscheidende beim Gärvorgang ist die schnelle und starke Entwicklung der Milchsäurebildner. Bei langsamer und schwacher Entwicklung derselben infolge ungünstiger Lebensbedingungen gewinnen die Gärfutterschädlinge die Überhand. Erforderlich ist darum schärfste Pressung, also starkes Festtreten nach vorheriger Zerkleinerung aller sperrigen und nicht von sich aus saftreichen Futterstoffe. Der fehlende Sauerstoff unterbindet gleichzeitig die Atmung und damit die Wärmeentwicklung der noch lebenden Pflanzen, verhindert den Temperaturanstieg bis zu der Grenze, von der ab die Buttersäurebildung beginnt, und führt zu Säuregraden, denen die Schädlinge erliegen. Auf der starken Säurebildung durch die Milchsäurebakterien beruht der beim Gärprozeß erstrebte Vorgang der Sterilisation. Die die Gärungsprozesse tragenden Mikroorganismen sind in der Futtermasse enthalten und erreichen nach NEHRING bereits am 5. Tage das Maximum ihrer Entwicklung. Durch das Absinken der pH-Zahl wirken von da an überwiegend Milchsäurestäbchen, während die luftliebenden Schädlinge zugrunde gehen. Am wichtigsten sind demnach die Milchsäurebildner, also diejenige Gruppe, die für ihre Vermehrung wenig Eiweiß benötigt und ihren Energiebedarf hauptsächlich durch Spaltung von Zucker in Milchsäure deckt und deren Entwicklungsoptimum bei relativ niedrigen Temperaturen zwischen 25 und höchstens 35° C liegt (Kaltmilchsäurebakterien). Von den schädlichen Bakterien sind die Schimmelpilze und Essigbildner stärker luftbedürftig, so daß sie bei ordnungsgemäßer Festlagerung keine genügende Entwicklungsmöglichkeit finden. Die gefährlichsten Gegenspieler der Milchsäurebildner sind die Buttersäurebakterien. Sie entwickeln sich schon bei geringem

Luftzutritt. Ihre Entwicklung ist langsamer als die der Milchsäurebakterien. Das Temperaturoptimum liegt bei ihnen etwas höher, zwischen 35 bis 40° C. Durch stärkere Säuregrade unter pH 4,2 werden sie unschädlich gemacht. Da die Lebensbereiche beider Mikroorganismengruppen einander stärker genähert sind, ist die Verhinderung der Buttersäurebildung gar nicht so leicht. Entscheidend ist das Niedrighalten der Temperaturen durch absoluten Luftabschluß. Die Buttersäurebakterien sind Sporenbildner, also in der Dauerform immer zugegen, auch wenn sie bei einem günstigen Gärungsverlauf ihr Unwesen nicht treiben können, aber immer bereit, selbst die Milchsäure zu zerstören. Sie werden in der Regel in dem Augenblick aktiv, wenn das Gärfutter angebrochen wird. Daher ist, wie auch weiter unten nochmals hervorgehoben, der Anschnitt klein zu wählen, damit sich täglich eine genügende Menge an gutem Gärfutter und nicht nur die jeweils verdorbene Schicht entnehmen läßt.

Chemische und physikalische Voraussetzungen

Sie lassen sich größtenteils aus der Biologie der Mikroorganismen ableiten.
Eine der wichtigsten chemischen Voraussetzungen der milchsauren Gärung ist das ausreichende Vorhandensein von im Pflanzensaft gelösten Nährstoffen, am besten einfache Zucker, weniger hochmolekulare Kohlehydrate, die vorher in einfache Zuckerformen aufgespalten werden müssen. Am sichersten vergären also die zucker- und kohlehydratreichen Pflanzen, besonders bei genügender Zerkleinerung durch Häckseln oder Zerreißen. Die Zerkleinerung führt gleichzeitig zu einer gleichmäßigen Durchfeuchtung, zu Luftabschluß, niedrigen Temperaturen und damit zu dem erwünschten milchsauren Gärungsverlauf unter Hemmung schädlicher Nebengärungen. Bei jungem, eiweißreichem Grünfutter liegen die Verhältnisse anders. Hier fehlen die leicht zersetzlichen Zuckerarten, und eine überwiegende Milchsäuregärung kann nur dann eintreten, wenn man den Milchsäurebildnern für ihren Stoffwechsel zusätzlichen Zucker zur Verfügung stellt. Zuckerzusatz, nach KIRSCH 0,5 – 1%, nach RUSCHMANN für eiweißreiches Grünfutter bis zu 2–3% Futterzucker, ist die beste Wirkungsmöglichkeit zur Sicherung eines einwandfreien Gärverlaufs. Statt des Zuckers kann man mineralische und organische Säuren verwenden, um die Eiweißzersetzung durch die eiweißspaltenden Enzyme zu verhindern, jedoch dann nur in solchen Mengen, daß sie für die Tiere nicht gesundheitsschädlich wirken. Nach NEHRING [4] spielt für die Aufspaltung der Kohlehydrate in einfache Zucker und damit für die Bildung der Milchsäure auch die Phosphorsäure eine Rolle.
Die mechanisch-physikalische Beschaffenheit und mit ihr das Alter des zu vergärenden Futters erheischen insofern Beachtung, als der mit zunehmendem Alter steigende Grad von Verholzung und Trockensubstanzbildung, also die herabgesetzte Saftführung, schwer auszugleichen ist, jedenfalls nicht durch Zerkleinern und nicht durch bloßes Anfeuchten mit Wasser. Einigen Erfolg verspricht die Durchfeuchtung mit einer 2- bis 4%igen Melasselösung. Am sichersten siliert Futter mit 75 bis 80% eigenem Feuchtigkeitsgehalt. Ist letzterer bereits auf 65 bis 70% vermindert, dann läßt sich eine einwandfreie Kaltvergärung nur noch

unter Zusatz von Naßschnitzeln oder anderem wasserreichen Futter, welches die lufthaltigen Hohlräume ausfüllt, gewährleisten. Dagegen ist nach NEHRING vor dem Einbringen ein leichtes Abwelken des Futters vorteilhaft — höherer Säuregrad, geringerer Nährstoffverlust, stärkere Milchsäure- und verringerte Buttersäurebildung. Man sollte das zu vergärende Futter mit Rücksicht auf seine Silierfähigkeit möglichst abends schneiden und vom nächsten Mittag ab in den Behälter bringen. Am Morgen geschnittenes Futter weist infolge des vorausgegangenen Atmungsverbrauches und der fehlenden Assimilatebildung während der Nacht einen geringeren Nährstoffgehalt auf als das am Abend geschnittene, das nach der intensiven Stoffbildung während der Tagesstunden mit leicht löslichen und vergärungsfähigen Kohlehydraten angereichert ist. Das äußert sich in einer besonders energischen, den erwünschten Gärverlauf sichernden Milchsäurebildung. — Ausgesprochene Eiweißträger sind an sich schon schwer zu silieren, und zwar wachsen umgekehrt wie bei den kohlehydratreichen Futterpflanzen die Schwierigkeiten mit ihrer Jugend und damit ihrem Saftreichtum. Es treten dann im Gärstock in erheblichem Umfange N-haltige, lösliche Stoffe auf. Sie erniedrigen die Säuregrade, zumal meistens auch die Kohlehydratgrundlage fehlt, und führen schon bei geringem Luftzutritt und mäßigem Temperaturanstieg zu Buttersäurebildung, Eiweißzersetzung und völligem Futterverderb.

Sicherungsmittel

Die Vergärung von saftreichem Kohlehydratfutter gelingt bei Einhaltung der sich logisch aus den Gärprozessen ableitenden Vergärungsvorschriften immer. Junges, eiweißreiches Futter dagegen erfordert Sicherungszusätze. Man kann folgende 3 Arten verwenden:

Verschiedene Zuckerarten und leicht vergärungsfähige Kohlehydrate

Sie bilden die unerläßliche Ernährungsgrundlage der Milchsäurebakterien. Bei eiweißreichen Pflanzen sind infolge unzureichender Zuckermengen Vermehrung und Entwicklung der Milchsäurebakterien nicht gesichert, und bei deren fehlenden Gegenwirkung gewinnen die Gärfutterschädlinge die Vorhand. Man muß dann die Milchsäureentwicklung durch Zuckerzusatz unterstützen, nach RICHTER mit 1—2%, nach RUSCHMANN mit 2—3%. Steigender Eiweißgehalt erfordert die höheren Mengen. Dabei kann Futterzucker durch eine doppelte Menge von Melasse vollwertig vertreten werden. Andere biologische Sicherungszusätze, die bei einer dem Futterzucker mengenmäßig äquivalenten Anwendung in hervorragender Weise sichernd wirken, sind: vollwertige Zuckerschnitzel, feinstgemahlene frische Zuckerrüben, frisch gedämpfte Kartoffeln, Zusätze von Getreideschroten und mehlreichen Kleien, schließlich auch frische oder leicht angesäuerte Molke. Die Wirkung der letzteren beruht auf ihrem Gehalt an Milchzucker. Einfacher, billiger, aber ebenso wirksam ist die gemeinsame Vergärung von eiweiß- und zuckerreichem Material im Verhältnis 1 : 1. Als sichernde Pflanzen wirken vor allem Silomais und Zuckerrübenblatt.

Zusatz von Säuren

Zunächst verwandte man überwiegend mineralische Säuren, verdünnte Salzsäure und die verschiedenen PO_4- und SO_4-Präparate. Im Gegensatz zu dem finnischen Verfahren (VIRTANEN), das mit höheren Säurezusätzen arbeitet, erstrebt man bei uns keine chemische Haltbarmachung. Die zugesetzten mäßigen Säuremengen sollen vielmehr zunächst die pH-Werte herabsetzen, aber den späteren milchsauren Gärungsverlauf nicht verhindern. Der Erniedrigung der pH-Werte folgt wieder ein leichter Anstieg, und mit ihm setzt die Entwicklung der Milchsäurebildner ein, die dann mit ihren eigenen Stoffwechselprodukten eine erneute stärkere Säurebildung veranlassen. Das Prinzip des Säurezusatzes beruht darauf, daß sich in dem künstlich geschaffenen stark sauren Bereich die nützlichen Milchsäurebakterien schneller entwickeln als die stärker empfindlichen Gärfutterschädlinge, die bereits der ersten unvermittelten Verschiebung ins stark saure Bereich erliegen. In der Gesamtwirkung entsteht durch den Zusatz von anorganischen Säuren ein normal vergorenes milchsaures Futter, das durch die nebenherlaufende und unterstützende Hefegärung den erwünschten aromatischen Geruch und Geschmack besitzt.
Gegen die Mineralsäuren wurden bisweilen unter Hinweis auf die Störung der Mineralstoff-, insbesondere Kalkbilanz des tierischen Organismus gesundheitliche Bedenken erhoben. Im Verlauf der Entwicklung des heutigen Kaltvergärungsverfahrens wurden sie durch organische Säuren abgelöst, die beim Stoffwechselprozeß verbrennen und bei gleich futterkonservierender Wirkung wie die anorganischen das Säure-Basen-Verhältnis im tierischen Organismus nicht stören. Am bekanntesten wurde die Ameisensäure (Amasil).

Kofasalz

Es ist das derzeitig wohl verbreitetste Sicherungsmittel und stellt eine feste, streufähige Mischung aus 20 Teilen Ca-Formiat (ameisensaurer Kalk) und 3 Teilen Na-Nitrit (salpetrigsaures Natrium) dar. Aus den Nitriten werden durch die Einwirkung der Säuren Stickoxyde (NO und NO_2) frei, welche die eiweißzersetzenden Gärfutterschädlinge, besonders die Buttersäurebakterien, hemmen, ohne die Milchsäurebildung zu stören. Zur Beseitigung der Stickoxyde wird aus dem Formiat Ameisensäure frei. Kofasalz hat sich gut bewährt.

Allgemeines zu den Sicherungszusätzen

Von den verschiedenen Arten der Sicherungsmittel sind die „biologischen“ teuer und, soweit sie nicht aus der Wirtschaft selbst zur Verfügung stehen, auch schwerer beschaffbar. Vom gesundheitlichen Standpunkt aus und dem der Ernährung verdienen sie als natürliche Mittel aber zweifellos den Vorzug vor den Säuren und auch vor dem Kofasalz. Die Sicherungszusätze befreien keineswegs von der Verpflichtung, die normalen Vergärungsvorschriften auf das gewissenhafteste einzuhalten, vor allem den die gesamte Einsäuerungstechnik beherrschenden Grundsatz der völlig luftabgeschlossenen, festesten Packung nach vorheriger Zerkleinerung von grobem Futter. Ein lose gepackter Gärfutterstock mit Luftführung mißrät trotz des besten Sicherungszusatzes immer. Sinn und Zweck des Sicherungsmittels ist, die Entwicklung der nützlichen Gärfutterorganismen stärkstens zu fördern, wodurch sie die Oberhand über die Gärfutterschädlinge gewinnen.

Fragen um den Gärfutterbehälter und die verschiedenen Ausweichmöglichkeiten

Der Gärfutterbehälter ist die letzte Vollendung der neuzeitlichen Futterwirtschaft. Es sind je RVE 5 m^3 im Minimum erforderlich, besser 6 m^3. Die meisten Wirtschaften kommen auch nicht annähernd an die Grenze des tatsächlich benötigten Behälterraumes in massiver Form heran und werden ihn in naher Zukunft auch nicht beschaffen können. Aber es gibt brauchbare und praktisch bewährte Ausweichmöglichkeiten.

Massive Gärfutterbehälter

Der massive Gärfutterbehälter erfüllt am vollkommensten die Elementarvoraussetzung jeder Einsäuerungstechnik, den absoluten Luftabschluß mit allen günstigen Folgewirkungen für den milchsauren Gärverlauf. Dabei gibt es im Hinblick weder auf Form noch Größe noch Material eine für alle Verhältnisse und Wirtschaften geltende Ideallösung. Entscheidend sind die Eigenschaften des Futters, sein überwiegender chemischer Inhalt und seine physikalische Beschaffenheit und weiterhin betriebs- und arbeitswirtschaftliche Rücksichten sowie billig vorhandenes Material: Eisenbeton, Holz, Hartziegelsteine. Hochbehälter kommen nur für den Großbetrieb in Frage, wobei man aber heute Höhen über 6 bis 8 m ablehnt. Schon bei der meist üblichen Höhe von 3 m sind absolut luftdicht abschließbare Entnahmeluken erforderlich. Mehrere kleinere Behälter bieten gegenüber dem größeren Silo erhebliche Vorteile: Man kann kurzfristig füllen, die verschiedenen Futterarten, die eiweiß- und kohlehydratreichen, sofern man aus Sicherheitsgründen deren gemischte Vergärung nicht bewußt erstrebt, für sich einlagern und späterhin bei der Fütterung dem Bedarf entsprechend mischen. Wesentlich für das Gelingen ist bei jeder Form und Größe die luftdichte Abschlußmöglichkeit nach oben. Die bei der runden Form oft verwandten luftdichten Abschlußdeckel erübrigen sich durch eine 30 bis 40 cm starke Lehmdecke, bei der man aber auch durch dauerndes Feuchthalten jegliche Rißbildung vermeiden muß. Die Sohle des Behälters hat unterhalb der Frostgrenze zu liegen, also mindestens 1,20 m unter der Erde. Auf eine besondere Saftabflußvorrichtung kann man bei kleinen Behältern verzichten, wenn auf den Boden des Behälters eine genügend hohe, aufsaugfähige Spreuschicht aufgebracht wird. Die massiven Behälter müssen im Innern verputzt werden, und bei der quadratischen Form sind alle Ecken abzuschrägen bzw. durch den Putz auszurunden. Silos aus Hartbranntsteinen stehen guten Betonbehältern in der Haltbarkeit keineswegs nach. Alle großräumigen Silos von 3 bis 4 m Höhe aus Beton oder Ziegelsteinen müssen mit Eisenarmierung versehen sein. Die Umstellung auf Silowirtschaft soll allmählich und Hand in Hand mit Ausbau und Vervollkommnung der Futterwirtschaft gehen.

Nach unseren Aufstellungen über den Mengen- und Flächenbedarf (Tab. 21, 22 und 26a) benötigt eine futterbaulich ordnungsgemäß eingerichtete Wirtschaft für den Viehstall: an schwer vergärbarem Futter Erbsen-Wicken-Gemenge, Kleeuntersaaten, in vielen Fällen Wickroggen; an leicht vergärbarem Futter: Sonnenblume, Silomais und Rübenblatt. Den in einer Wirtschaft vorhandenen festen Siloraum wird man der ersten Gruppe, dem eiweißhaltigen, schwer vergärbaren Futter reservieren. Für die kohlehydratreichen, sicher vergärenden Futtermassen muß und kann man in der Mehrzahl der Wirtschaften mit behelfsmäßigen, aber erprobten Einrichtungen auskommen.

Ausweichmöglichkeiten in der Gärraumfrage

Sie mögen in der Reihenfolge steigender Vollkommenheit erörtert werden. Das einfachste, billigste, von jeglicher Vorarbeit und jeglichem Material unabhängige

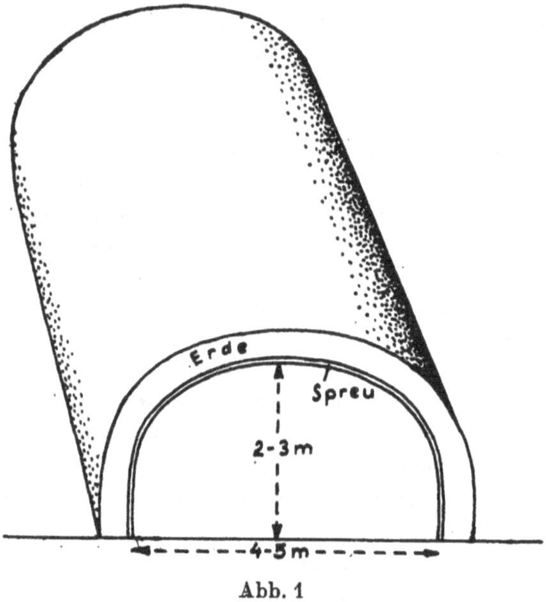

Abb. 1

Verfahren, dessen Anwendung sich allerdings auf das Rübenblatt beschränkt, ist der Blatthaufen auf ebener Erde (Abb. 1). Man setzt das Rübenblatt sorgfältig und fest, in beliebiger bzw. an der Menge bemessener Breite und Länge, aber über 2 m hoch und nach oben sich verjüngend auf. Nachdem sich der Haufen durch Festtreten mit schweren Tieren und durch Eigengewicht gut gesetzt hat, überdeckt man ihn zur Vermeidung von Erdbeschmutzung zunächst mit Kurz-

stroh oder Gerstenkaff und dann mit einer 30 bis 50 cm starken, gut luftdicht abschließenden Bodendecke.
In diesem Haufen nimmt bei sicher vergärendem Material und gewissenhafter Arbeit die Gärung einen überwiegend milchsauren Verlauf. Auf dem Universitätsgut Kötschau lieferte diese Art der Vergärung von Rübenblatt seit mehreren Jahren von Ende Dezember bis Anfang März ein gutes und einwandfreies Futter. Übrigens kann man beim Rübenblatt noch einfacher verfahren, wobei es sich unter Verzicht auf Vergärung allerdings um eine einfache Frischhaltung des Blattes für gut 4 Wochen handelt. Man setzt das frische Blatt sofort nach dem

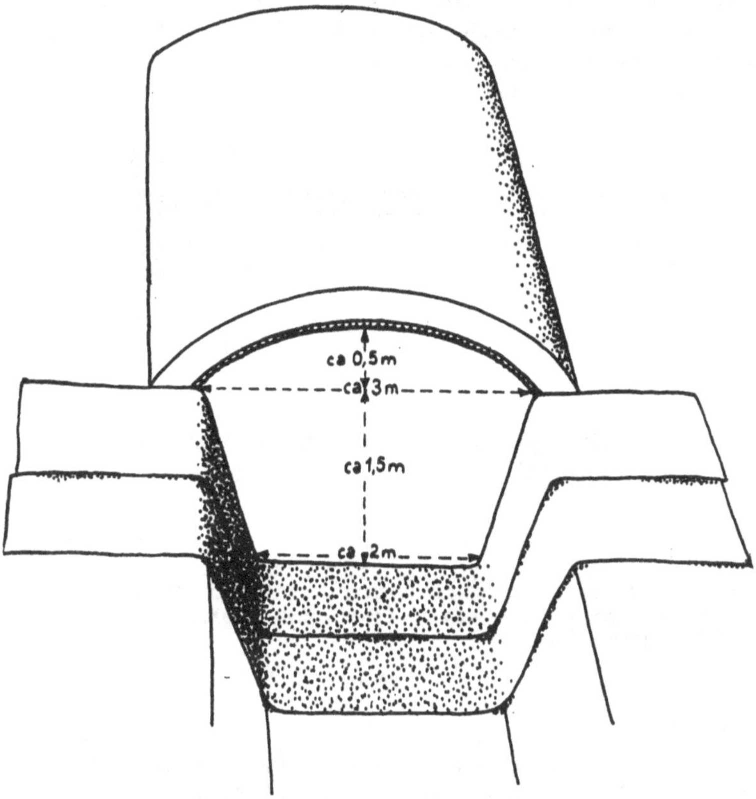

Abb. 2

Köpfen auf hofnahen Wiesen oder Koppeln oder am Rande beraster Feldwege in getrennten oder auch in einem langen Haufen von ca. 1 m Höhe ohne jegliche Bedeckung auf. Das Blatt hält sich für mindestens 4 Wochen, auch unter Schnee, vollkommen frisch. Auch Aufhängen auf Reuter ist möglich.
Bereits eine Stufe vollkommener sind die gewöhnlichen Erdgruben (Abb. 2) ohne feste Seitenwände und ohne befestigte Sohle. Sie setzen einen lehmigtonigen, also festen, nicht nachrutschenden Boden mit einem tieferen Grundwasserstand, unter 1,5 m, voraus. Die Ausmaße der Grube richten sich nach dem

Viehbestand bzw. nach dem täglichen Futterbedarf. Zur Vermeidung der vorderen Randverluste bei der späteren Entnahme muß der tägliche Anschnitt mindestens 20 cm betragen. Auch bei größerem Viehbestand sollte die obere Breite der Grube zu ebener Erde 3 bis 4 m nicht übersteigen. In grundwasserfreiem Boden wird die Grube mit Rücksicht auf den erforderlichen Eigendruck des Futters bis zu einer Tiefe von ca. 1,5 m unter der Erdoberfläche ausgehoben. Nach dem Füllen und Festtreten soll der Futterstapel etwa 1,5 bis 2 m hoch über die Erdoberfläche hinausragen, so daß sich nach dem endgültigen Setzen des Futterstockes gut 2 m effektive Höhe ergeben. Um das Einrutschen der Seitenwände zu verhindern und gleichzeitig den Eigendruck der Futterstockes zu erhöhen, wählt man am zweckmäßigsten die im Querschnitt konische, nach oben sich verbreiternde Form mit stark abgeschrägten Grubenwänden, Sohlenbreite ca. 2 und obere Breite gut 3 m.

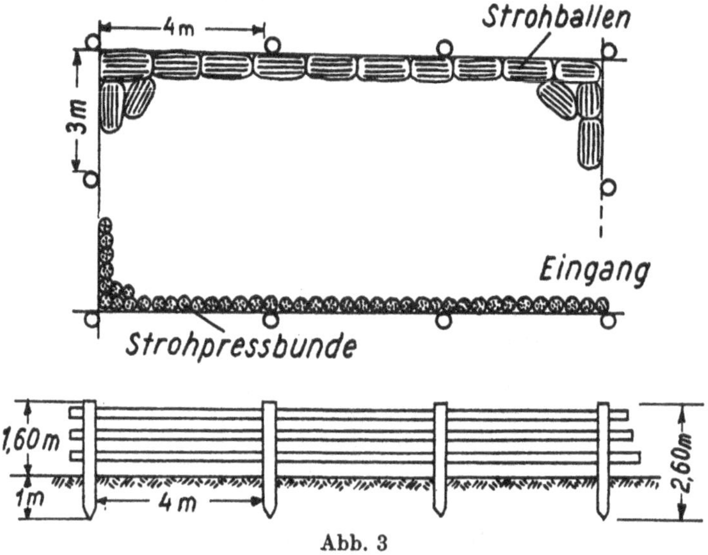

Abb. 3

Die spätere Entnahme der Silage läßt sich erleichtern, indem man zum Hineinschieben und Herausfahren des Wagens die eine Schmalseite der Grube abschrägt. Die unbefestigte Erdgrube eignet sich auf alle Fälle für die Konservierung von Rübenblatt, bei Anwendung von bituminiertem Silokreppapier auch für zerkleinerte Sonnenblumen und Mais und bei Verwendung von Kreppapier und Sicherungszusätzen sogar für schwerer vergärbare, eiweißreiche Futtermittel, stellt also bei Mangel an festem Gärraum eine sehr beachtliche Ausweichmöglichkeit dar. Die Abdeckung des Futters erfolgt zunächst mit einer gut 10 cm hohen Kaffschicht, auf die man eine ca. 30 cm starke, gut abschließende Erdschicht bringt.

Einen noch höheren Grad der Sicherheit und Sauberkeit erstrebt der Strohbehälter (Abb. 3). Er besteht aus zwei Teilen, dem Gestell und der Wandung aus Stroh. Als Mindestgröße fordert man 4 × 4 m bei einer Höhe von 2 m. Das Gestell besteht bei größeren Ausmaßen aus 4 m voneinander entfernt gesetzten starken Pfählen, die bei einer Eigenlänge von 2,5 bis 3 m etwa 1 m im Boden stehen. Dabei sind die einzelnen Pfähle durch 3 Querlatten- oder Querstangenreihen, übereinander ca. 40 cm entfernt, verbunden. Für die Wandung kann man Stroh in verschiedener Form verwenden. Bei Preßballen werden je 3 übereinandergelegt, bei Preßbunden dagegen nebeneinandergestellt, danach mit starken Bindfäden am Gestell befestigt. Bei losem Stroh ist man zur Herstellung eines zweiten, inneren Gestells gezwungen. Es entsteht also eine Doppelwand, in die das Stroh hineingepreßt wird. Vor der Füllung bringt man eine 30 cm

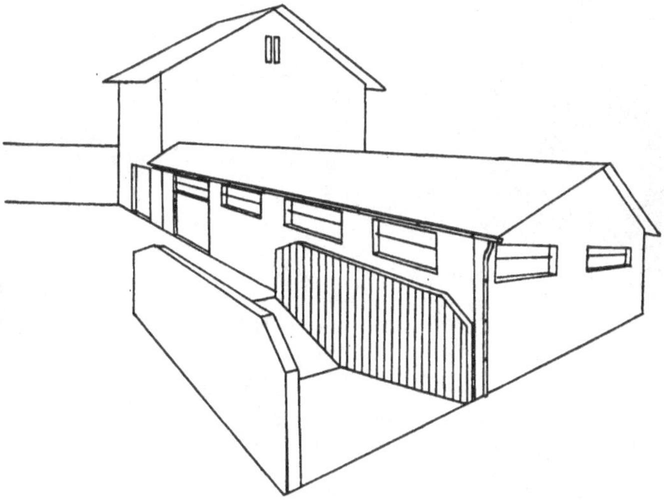

Abb. 4

starke Spreuschicht auf den Boden des Behälters und deckt zum oberen Abschluß ebenfalls mit einer Spreuschicht und schließlich mit Erde ab. Gegenüber dem festen Behälter fehlt beim Strohsilo der luftdichte Wandabschluß. Die jegliche Futtervergärung beherrschenden Vorschriften müssen bei ihm besonders sorgfältig beachtet werden: gleichmäßige Verteilung und festeste Packung, besonders der Ecken, bei größeren Silos durch schwere Tiere; vorheriges Zerkleinern grobstengligen Futters; gute Wölbung des Stapels; Sicherungszusätze. Bei eiweißreichem Material sind letztere unerläßlich. Unter dieser Voraussetzung ist der Strohbehälter für alle für die Vergärung in Frage kommenden Futterarten geeignet, vom Rübenblatt bis zum jungen, eiweißreichen Futter.

Den höchsten Grad der Vollkommenheit, sich im Rahmen der Ausweichmöglichkeiten in Sicherheit des Gärverlaufes und in seiner Verwendung dem Hochsilo nähernd, stellt die in Sohle und Wandung befestigte Erdgrube dar. Für ihre Ausmaße sind der Viehbestand und die gleichen Überlegungen maßgebend wie für die gewöhnliche Erdgrube, d. h. sie ist 3 bis 4 m breit und etwa 1,5 m tief und nach Bedarf lang. Überwiegend handelt es sich um senkrechtwandige Durchfahrtsmieten, deren Sohle und Innenwände mit greifbarem Material – Eisenbeton mit Innenverputz und Innenanstrich, Klinkern oder Mauersteinen – befestigt und deren Ecken ausgerundet sind. Die Mieten besitzen offene Stirnseiten zum Durchfahren bei Beschickung und Entnahme und auch je nach Größe zum Befahren während des Füllens (evtl. mit dem Schlepper). Nach der Be-

Abb. 5 (nach Förster) [13]

schickung können sie durch einzulassende dickwandige Bohlen geschlossen werden. Zur Ausnutzung des Raumes und Verstärkung des Eigendruckes ist für die ausreichende übererdige Höhe der Füllung zu sorgen, 1,5 bis 2 m. Auch befestigte Gruben erfordern eine etwa 20 cm hohe Spreuschicht auf die Sohle und zur schmutzfreien oberen Abdeckung vor dem Aufbringen von 30 bis 40 cm Erde ebenfalls Spreu. Oft lassen sich derartige Behälter in örtlich gegebener Kombinationsmöglichkeit durch Benutzung von festen Stallwänden in einfacher und billiger Weise auch über der Erde herstellen. Es ist dann nur **eine** feste Wand notwendig (Abb. 4).

Derartige Behälter sind zur Vergärung von jeglichem Futter, unter Verwendung von Sicherungszusätzen und bei ordnungsgemäß fester Füllung auch für eiweißreiche Pflanzen geeignet.

Ausbau und Vervollkommnung der betriebsgebundenen Futterwirtschaft ist die Kardinalfrage allen heutigen Wirtschaftens. Die Futterkonservierung, die eine während der Sommer- und Winterstallfütterung jederzeit ausreichende und ausgeglichene, praktisch vielseitige Fütterung ermöglicht, stellt ihre letzte Vollendung dar. Fester Siloraum steht wohl in keiner Wirtschaft in dem heute erforderlich großen Umfange zur Verfügung. Aber es gibt gangbare und bereits praktisch erprobte Ausweichmöglichkeiten, die sich die Betriebsleiter in eigener Initiative ohne fremde Hilfe und auch mit betriebseigenen Materialien schaffen können. Naturgemäß sind diese Verfahren primitiv, und die Grenze, an der die eigenen Möglichkeiten aufhören und die Notwendigkeit der staatlichen Unter-

Abb. 6 (nach Förster) [13]

stützung beginnt, ist bald erreicht. Sie liegt bereits bei den einfachen Hilfsmitteln für die Futterhaltbarmachung, den Sicherungszusätzen und dem Kreppapier. In verstärktem Maße ist die staatliche Unterstützung der Wirtschaften für den Bau von befestigten Gruben notwendig. Die Beschaffung von Zement und hartgebrannten Ziegelsteinen, Innenanstrichmitteln, unter Umständen Eisenarmierungen, wird bereits hier unabdingbar. Neuere Vorschläge gehen dahin, industriell vorgefertigte Siloteile zur Selbstherstellung des Behälters zur Verfügung zu stellen. Es ist in den letzten Jahren eine ganze Reihe zweckmäßiger Anregungen gegeben worden. Eine der vielleicht brauchbarsten wird durch die Abbildungen 5 und 6 veranschaulicht.

Die fertigen Betonteile sind 1,5 m hoch und 60 cm breit. Die Größe der Fußplatte beträgt 80 × 60 cm. Die Einzelteile werden in einer dem Bedarf angepaßten Breite zu ebener Erde oder beliebig tief aneinandergereiht. Die Teile haben an ihrer Seite Längsnuten und Längsleisten, die ineinandergreifen und nach dem Aufstellen zur Verfestigung und Abdichtung mit Zement vergossen werden. Zur Vermeidung des Hochfrierens ist die ausgemessene Grundfläche vor dem Aufstellen mit einer 10 bis 20 cm starken Kiesschicht zu überdecken. Derartige Behälter eignen sich für die Konservierung von jeglichem, bei Sicherungszusätzen auch eiweißreichem Material. Im Bedarfsfalle läßt sich dieser Futterbehälter späterhin an eine andere Stelle verlegen.

VI. Zusammenfassung

Die Frage der richtigen Fütterung im Milchviehstall
  Ergebnisse der Versuche
  Befunde aus der Praxis

Die Einrichtung der Futterwirtschaft
  Futterbauliche Situation in den verschiedenen mitteldeutschen Futterbaugebieten
  Futterbedarf nach Menge und Fläche

Die Anbautechnik der wichtigsten Futterpflanzen
  Allgemeines
    Einzelne Futterpflanzen und ihre Schwerpunkte
      Hauptfrüchte
      Zwischenfrüchte

Der Vorfrucht- und Kulturwert der Nichtleguminosen im Zwischenfruchtbau
  Verschiedene Einzelwirkungen der Vorfrucht-Gesamtwirkung
  Gesamtwirkung

Der Gärraumbedarf, die Gärprozesse und die Ausweichmöglichkeiten in der Behälterfrage

VI. Zusammenfassung

Die Angaben und Vorschläge in den 5 Hauptabschnitten gründen sich keineswegs in erster Linie auf Versuche, theoretische Berechnungen und Überlegungen. Sie sind bereits in der Praxis von Fütterung und Futterbau verwirklicht und haben sich bewährt. Auf einer relativ kleinen, aber leistungsfähigen Fläche von 28 a Hauptfruchtfutter, 29 a Zwischenfrucht und den verfütterungsfähigen Rückständen von 15 a Zuckerrüben je RVE wurden auf dem Universitätsgut Kötschau ohne Beanspruchung käuflicher Futterkonzentrate, aber bei höheren Leistungen unter Zuhilfenahme wirtschaftseigenen Kraftfutters, Gersten- und Haferschrot sowie Ölkuchen, im Jahre 1954 mit einer genetisch guten, aber keineswegs höchstwertigen Herde von 38 Kühen je Kuh 4303 kg Milch mit 3,71% Fett = 160 kg Fett erzielt. Die Milchleistung je ha stieg von 876 kg im Jahre 1952 auf 938 kg im Jahre 1953 und – bei Neueinstellung von 9 Kühen – auf 1337 kg im Jahre 1954. Diese günstige Entwicklung der tierischen Erzeugung im Milchviehstall ist in der Hauptsache auf einen kontinuierlich sich vervollkommnenden Futterbau zurückzuführen.
Im folgenden seien die wichtigsten Befunde aus den vorhergehenden fünf Abschnitten noch einmal zusammengefaßt.

Die Frage der richtigen Fütterung im Milchviehstall

Um zu einem planvollen, auf die Bedürfnisse des Milchviehstalles ausgerichteten Futterbau und über diesen zu einer ausreichenden und ausbalancierten Fütterung zu kommen, wurde versucht, die Fragen um die richtige Fütterung in Fütterungsversuchen und durch Ermittlungen aus der Praxis der Fütterung zu klären.

Ergebnisse der Versuche

1. Die der Leistung proportionale Eiweiß-Stärkewert-Beziehung der Rationen ist ein wesentlicher Leistungsfaktor im Milchviehstall.
2. Sie erhöht die Jahresleistung der Kuh um 400 kg Milch und bei wenig beeinflußtem Fettprozent um 13 kg Fett, bei beiden Produkten um ca. 11%.
3. Völlig ausgeglichene Rationen führen zum Verharren des Körpergewichtes oder auch zu dessen Absinken. Die Milchkuh verlangt mäßige Eiweißüberschüsse. Gegenüber der theoretischen Relation von 1 : 4,5 dürfte die leistungsmäßig und auch wirtschaftlich optimale Beziehung, welche das Leistungspotential des Tieres ausschöpft, aber seine Gesundheit nicht be-

einträchtigt, bei 1 : 3,8—4,2 liegen. Bei der Aufstellung von Rationen muß man unter Zugrundelegung der „Milcherzeugungswerte" von dem Stärkewertbedarf, welcher der jeweiligen Leistung entspricht, ausgehen und im Eiweiß so vorhalten, daß sich der Sicherheit halber die obige Beziehung von 1 : 3,8 ergibt.

Befunde aus der Praxis

Sie sind eine volle Bestätigung der Ergebnisse aus den Versuchen. Die Befunde aus der mittelbäuerlichen Wirtschaft (Erdmann, Markersdorf) besagen: Ungenügende Stärkewerte begrenzen die Leistung, und die in der Eiweiß-Stärkewert-Relation ausgeglichene Fütterung ist ein wirksames Mittel, um den natürlichen Abfall der Laktation abzubremsen. In die gleiche Richtung deuten die Ergebnisse aus Kötschau: Die Höchstleistungen an Milch und Butterfett liegen in der Winterstallperiode, in der man die Eiweiß-Stärkewert-Beziehung besser beherrschen kann; die niedrigste Leistung war in der Zeit der Luzerne-Grünfütterung festzustellen, in der sich in dieser Wirtschaft mit hohem natürlichem Überschuß an Futtereiweiß zwangsläufig unausgeglichene Rationen ergeben. Dem läßt sich aber mit Erfolg entgegenwirken. Das zeigt der Leistungsvergleich 1953 und 1954: Bei der Fütterung 1954 konnten infolge planvolleren Futterbaues im Jahre 1953 die Rationen bei verstärkter Stärkewertfütterung und weiteren Relationen ausgeglichener gestaltet werden. Die Leistungen erhöhten sich zwangsläufig. Bei der Fortsetzung der Versuche im Jahre 1955 traten sogar infolge weiter erhöhter Stärkewertfütterung in der Zeit der bisher niedrigsten Leistung, der Grünfutterperiode, Höchstleistungen auf. Der Minimumfaktor der Leistung im Milchviehstall ist weniger die erbliche Veranlagung des Tieres als vielmehr die Fütterung, praktisch also der auf die Bedürfnisse des Stalles ausgerichtete Futterbau. Eiweißüberschüsse in der Ration vermögen mangelnde Kohlehydrate leistungsmäßig nicht zu ersetzen.
Die bisherigen Feststellungen führen zwangsläufig zu den Fragen um

Die Einrichtung der Futterwirtschaft

An Hand von typischen Futterrationen — falschen in Gegenüberstellung zu richtigen — wurde versucht, die landschaftlich unterschiedlichen Verhältnisse darzustellen.

Futterbauliche Situation in den verschiedenen mitteldeutschen Futterbaugebieten

Im Grünland-Rotklee-Gebiet besteht während der Winterstallfütterung primär ein Eiweißproblem. Löst man dieses mit Hilfe von zwischenfruchtgebautem Eiweißgärfutter, dann gerät man sekundär und zwangsläufig in Kohlehydratnot. Im Winterstall bestehen demnach ein Eiweiß- und ein Kohlehydratproblem gleichzeitig und nebeneinander. Der Sommerstall dagegen steht dauernd und ausschließlich unter dem Druck des Kohlehydratmangels. Erbsen-Wicken-Gemenge aus dem Zwischenfruchtbau und Zweitfrucht-Silomais sowie — aus wirtschaftlichen Gründen — Zwischenfrucht-Sonnenblume sind integrierende Bestandteile des Gesamtfutterbaues im Grünlandbezirk.

Im Rüben-Luzerne-Bezirk liegen die Dinge anders. Bei stark überschüssigem Eiweiß stellen hier die Kohlehydrate während des ganzen Futterjahres die begrenzenden Minimumfaktoren dar. Des Erbsen-Wicken-Gemenges bedarf der Luzernebezirk an sich nicht, aber die kohlehydratschaffenden Zweit- und Zwischenfrüchte bilden die Voraussetzung für die höhere Leistung im Milchviehstall.

Im Weidebezirk gleichen die Betriebe im Prinzip den weidefreien Wirtschaften im Grünland-Rotklee-Gebiet: im Winter Eiweiß- und Kohlehydratmangel, im Sommer starker Eiweißüberschuß bei fehlenden Stärkewerten. Auch hier sind Eiweißerzeugung durch Zwischenfruchtbau und die kohlehydratschaffenden Zweit- bzw. Zwischenfrüchte unentbehrlich.

So liegen die Dinge, wenn der Futterbau im großen und grundsätzlichen in Ordnung ist. Eine futterbaulich nachlässig geführte Wirtschaft leidet an allem Mangel. Allgemeingültig kann man vielleicht sagen: Bei der natürlichen Begünstigung unserer Breiten für die Erzeugung von Futtereiweiß führt ein fortschreitend vervollkommneter Futterbau zwangsläufig zu Eiweißüberschuß und Kohlehydratmangel und verkehrt das frühere chronische Eiweißproblem in ein chronisches Kohlehydratproblem, zeitweise auch im Grünlandbezirk. Vielleicht kann man die Dinge noch praxisnäher, in diesem Falle auch themabezogener, so darstellen: Der Hauptfruchtfutterbau ist in seinen Hauptträgern stark landschaftsgebunden und wenig beweglich. Der Zwischenfruchtbau ist infolge Vielseitigkeit und Anpassungsfähigkeit seiner Pflanzen wandlungsfähig. Er stellt die heute unentbehrliche Ergänzung des Hauptfruchtfutterbaues dar, keineswegs allein quantitativ, sondern auch zeitlich und vor allem qualitativ: zeitlich — da die Zwischenfrucht im Rahmen des Gesamtfutterbaues Grünfutter zu den Zeiten der Vegetation erzeugen muß, in denen der Hauptfruchtfutterbau noch nicht bzw. nicht mehr lieferbereit ist; qualitativ — weil der Zwischenfruchtbau für das ganze Jahr diejenigen Nährstoffe (Eiweiß oder Kohlehydrate) zu liefern hat, die der landschaftsgebundene Hauptfruchtfutterbau nicht in ausreichender Menge erbringt. Hauptfruchtfutterbau und Zwischenfruchtbau sind eine Einheit. Sie machen in gegenseitiger Ergänzung die Futterwirtschaft des Betriebes aus.

Futterbedarf nach Menge und Fläche

Ausgehend von einer jederzeit reichlichen und ausbalancierten Fütterung, also vom Bedarf des Viehstalles, wurde versucht, den Mengen- und Flächenbedarf der einzelnen Futterpflanzen für den Winter- und Sommerstall sowohl des Grünland- als auch des Luzernebezirkes festzustellen. Anschließend wurde in einer Sonderberechnung der Bedarf einer Weidewirtschaft ermittelt. Die Überlegungen und Feststellungen führten zu der Tabelle 21 (Seite 44) für das Grünland- und zur Tabelle 22 (Seite 47) für das Luzernegebiet. Die Angaben für die Weidewirtschaft finden sich in den Tabellen 26a und 26b (Seiten 53 u. 55). Die Tabellen enthalten bei Unterstellung mittlerer Bedingungen in Viehbesatz und Futterwüchsigkeit mengen- und flächenmäßige Bedarfszahlen. Sie gehen von 1 GVE Rindvieh aus und stellen, getrennt nach Hauptfrucht- und Zwischenfruchtfutter, über den Gesamtmengenbedarf die benötigten Flächen und deren prozentualen Ackeranteil für eine 200-ha- und schematisch anschließend eine 20-ha-Wirtschaft dar. Aus den Mengen- und Flächenangaben für 1 RVE läßt sich der Bedarf für jede Wirtschaftsgröße bzw. für jeden Viehbesatz errechnen. Während die Mengenangaben in den Zahlenreihen 1 allgemeingültige Konstanten sind, werden die Flächenwerte in den Rubriken 2 und 5 unter anders gearteten Verhältnissen wie den hier vorausgesetzten — höherer oder geringerer Viehbesatz, geringere oder bessere Futterwüchsigkeit — variieren. Der tüchtige Futterbauer und Fütterer im futterwüchsigen Bezirk wird die Werte in den Rubriken 2 und 5 vielleicht zu groß, ein anderer, der unter entgegengesetzten Bedingungen wirtschaftet, vielleicht zu klein finden. Daß sie aber der Praxis nahe liegen und für Einrichtung und Überprüfung der Futterwirtschaft zunächst einmal brauchbar sind, beweist der in Tabelle 23 (Seite 49) enthaltene Vergleich einer im Futterbau tatsächlich so eingerichteten Luzerne-Rüben-Wirtschaft mit guten tierischen Leistungen. Die verhältnismäßig niedrige Vergleichszahl von 44 in der Weidewirtschaft ist ein Hinweis, daß man durch neuzeitlich vervollkommnete Weidetechnik bei gleichzeitig hoch entwickeltem Ackerfutterbau auch bei dieser Betriebsform mit begrenzten Flächenwerten arbeiten kann. Der Futterbau und seine landschaftlich richtige Lösung sind das Kernstück unseres ganzen heutigen Wirtschaftens.

Die Anbautechnik der wichtigsten Futterpflanzen

Die Darstellung begrenzt sich bewußt auf die tragenden mitteldeutschen Futterpflanzen und auf diejenigen Zwischenfrüchte, derer man in den angegebenen Mengen und Flächen bedarf.

Allgemeines

Der Hauptfruchtfutterbau macht den Marktfrüchten den Raum streitig und ist aus ernährungs- und betriebswirtschaftlichen Gründen durch höchste Flächenergiebigkeit möglichst zu begrenzen. Der Zwischenfruchtbau beansprucht keine besonderen Flächen und ist zusätzlich in der Futterleistung, zusätzlich aber auch in seiner Arbeitsforderung. Die Vermehrung der Zwischenfrucht ist keineswegs kostenlos und bedeutet in der Bestellung und vor allem bei der Ernte im Herbst eine starke Arbeitsspitze, die besonders in Rübenwirtschaften gefährlich werden kann. Deshalb wurde in Abschnitt II so großer Wert auf das Finden von Maß und Zahl im Futterbau im allgemeinen und im Zwischenfruchtbau im besonderen gelegt. Aber ebenso entscheidend wie die Einrichtung nach Maß und Zahl ist für den geordneten Futterbau eine neuzeitlich vervollkommnete, höchste Flächenergiebigkeit verbürgende Anbautechnik. Sie rechtfertigt und ermöglicht überhaupt erst die kleine Zahl. Kleine, aber sorgfältig behandelte Futterflächen sind besser als große und nachlässig bewirtschaftete, die später durch Fehlstellen- und Lückenwirkung verunkrauten und im Hinblick auf den Boden degenerieren. Das gilt auch im besonderen für den Zwischenfruchtbau.

Einzelne Futterpflanzen und ihre Schwerpunkte

Hauptfrüchte. Die nach Massen- und Nährwertlieferung leistungsstärkste deutsche Futterpflanze ist die Luzerne. Die landschaftlichen Möglichkeiten ihres Anbaues sind größer, als man gemeinhin annimmt. Entscheidend für ihren Anbauerfolg ist bei ihr und im übrigen auch bei allen anderen Futterpflanzen, die ihre Jugend unter einer Überfrucht verbringen wie Rotklee und Untersaat-Zwischenfrüchte, die Einsaattechnik. Man muß sich um früheste Einsaat bemühen, d. h. bestrebt sein, die Untersaaten in den Schutz der Winterfeuchtigkeit zu bringen. Die beste Luzernepflege ist keine — mechanische! — Pflege, sondern die auf die Erneuerungsrhythmik der Pflanze ausgerichtete Schnittnutzung. — In der Übergangslage begegnen sich die beiden Hauptfruchtfutterpflanzen. Je mehr die Allgemeinkultur des Ackers fortschreitet, desto geringer werden die Widerstände des Ackers gegen die Luzerne. Wo in einer Wirtschaft luzernefähige oder luzernefähig zu machende Teilflächen vorliegen, sollte man den teilweisen Ersatz des Rotklees durch die Luzerne anstreben. Die sicherste Garantie für Überwinterung und für hohe Leistung des Rotklees im nächsten Jahr ist herbstliche Beweidung nach vorheriger starker oderirdischer Entwicklung. Er muß wurzelstark, aber oberirdisch kurz in den Winter gehen. Die beiden Pflanzen brauchen ganz verschiedene Pflege. — Unter den grünlandspezifischen Maßnahmen der Kulturfürsorge ist auf allen wasserwirtschaftlich in Ordnung befindlichen Wiesen die systematisch durchgeführte Mähe-Weidenutzung am wirkungsvollsten, nach ihr die Zuführung von organischem Material in jeglicher Form. Auf der Weide stellt die Umtriebsweide mit kurzen Freß- und langen Ruhezeiten die neuzeitliche Minimalforderung dar, die „Stundenweide" das anzustrebende Zukunftsziel. Die Futterrüben müssen wir völlig zuckerrübenähnlich behandeln. Am wichtigsten sind Vorverlegung der Saatzeit und „Blind"-Striegelpflege zwischen Saat bis kurz vor dem Auflauf.

Zwischenfrüchte. Zusätzliche Futterlieferung, vor allem Grünfutterbeschaffung dann, wenn die Hauptfruchtfutterflächen noch nicht oder nicht mehr lieferbereit sind, und Bereitstellung derjenigen Nährstoffe, die der landschaftsgebundene Hauptfruchtfutterbau nicht in ausreichender Menge erbringt, gehören außer der Gründüngungswirkung zu den Hauptfunktionen des Zwischenfruchtbaues. Die Winterzwischenfrucht — Frühweide, Grünraps, Grünroggen und Wickroggen — steht am Anfang des Futterjahres und ermöglicht die Vorverlegung der Grünfutterperiode im Frühjahr. Während man beim Grünroggen kaum Fehler machen kann, ist beim Grünraps und bei der Zottelwicke der landschaftlich sehr bestimmte Saattermin entscheidend für Gelingen und Leistung, beim Wickroggen außerdem die zeitlich getrennte Aussaat von Wicken und Roggen. — An sich billig, sogar verbilligend und arbeitsentlastend, sind die Untersaaten weniger an Maß und Zahl gebunden als Winterzwischenfrucht und sommerliche Stoppelsaat. Ihre Fläche ergibt sich aus dem Vorrat an Sämereien, der Fläche guter Überfrüchte und auf schwerem Boden auch aus der Notwendigkeit einer fristgemäßen Herbstfurche auf dem Großteil des Ackers. Anbautechnisch gelten die gleichen

Grundsätze und Richtlinien wie bei den Hauptfruchtkleearten, wenn auch hinsichtlich der Minderung von Saatstärke und N-Düngung in gemilderter Form. Das Geheimnis des Gelingens und der Leistung aber ist die frühestmögliche Einsaat. Die Untersaaten sind an der herbstlichen Verlängerung der Grünfutterperiode maßgeblich mitbeteiligt und stellen überwiegend Eiweißlieferanten dar, die im Stall der Kohlehydratergänzung bedürfen. Die Hauptbedeutung des sommerlichen Stoppelsaatbaues liegt in der Möglichkeit, mit ihm die Eiweiß-Stärkewert-Relation auszubalancieren. Man muß deshalb unterscheiden zwischen der eiweiß- und der kohlehydratschaffenden sommerlichen Zwischenfrucht. Eiweißschaffend ist das Erbsen-Wicken-Gemenge mit einer Fläche von 6 a je RVE unentbehrlich für den Winterstall des Grünlandbezirkes, doch im Luzernebezirk evtl. entbehrlich. Anbautechnisch muß man die Aussaat mindestens im letzten Julidrittel anstreben, darf dabei aber keineswegs ein ordnungsgemäßes Saatbett vernachlässigen. Nach stoppel-hinterlassender Erstfrucht ist ca. 15 cm tief zur Saat zu pflügen. Bei biologisch hochwertiger Erstfrucht ohne Stoppel genügt im Trockenbezirk eine nur lockernde Bearbeitung mit dem Grubber. Entscheidend ist eine Keimtieflage von 5—6 cm, die den Anschluß an die Feuchtigkeit der unteren Krume sichert. Kohlehydratschaffende Massenproduzenten sind der Silomais und die Gärsonnenblume. Von ihnen läßt sich der Mais nur als Zweitfrucht, die Sonnenblume aber auch als Zwischenfrucht anbauen. Sie sind, wenn der Futterbau in einer Wirtschaft im allgemeinen in Ordnung ist und sich das Eiweißproblem in Kohlehydratnot verkehrt, in allen Futterbaugebieten unersetzlich. Dabei sollte sich der teure Zwischenfruchtmais in der Weidewirtschaft auf ca. 3, in allen Nichtweidebetrieben auf ca. 6 a je RVE beschränken. Die Gärsonnenblume beansprucht je RVE durchschnittlich eine Fläche von 7 a (siehe Tabellen 21, 22 und 26b). Das Problem des mitteldeutschen Maisanbaues stellt die Saatgutbeschaffung dar. Durchaus nicht unwesentlich ist auch eine erfolgreiche Tauben- und Krähenabwehr. Im übrigen wird Mais, wie auch die Sonnenblume, hauptfruchtähnlich behandelt. Achtet man noch auf eine ausreichende N-Düngung und auf Striegel- und Hackpflege, dann sind diese beiden trockenholden Pflanzen für mitteldeutsche Bedingungen sehr sichere Zweit- bzw. Zwischenfrüchte. Nach Aufwand, Zielsetzung und Leistung ist die Koppelung Winterzwischenfrucht + Mais oder Sonnenblume, letztere in zweimaliger Aufeinanderfolge, eine Intensivform des neuzeitlichen Futterbaues und vor allem in Nährstoffergiebigkeit und fütterungstechnischer Hinsicht unseren Hauptfruchtfutterpflanzen ebenbürtig.

Der Vorfrucht- und Kulturwert der Nichtleguminosen im Zwischenfruchtbau

Bei der erforderlichen großflächigen Verlagerung auf die Nichtleguminosen-Zwischenfrüchte drängt sich diese Frage von selbst auf. Wir versuchten, sie zu klären, indem wir

Verschiedene Einzelwirkungen der Vorfrucht-Gesamtwirkung erfaßten.

Im Vergleich stand vornehmlich das Erbsen-Wicken-Gemenge mit Mais und mit Sonnenblume. Die Einzeluntersuchungen erstreckten sich auf Menge und Chemismus der Ernterückstände und die bodenphysikalischen Zustandsänderungen unter dem Einfluß von Leguminosen und Nichtleguminosen.

Weder in der Menge der humusschaffenden Stoffe noch im N-Gehalt oder in der absoluten Höhe des hinterlassenen Stickstoffs läßt sich das Erbsen-Wicken-Gemenge von den beiden Nichtleguminosen erreichen, infolge der höheren N-Rückstände dadurch auch nicht in der Fähigkeit zur Bildung wertvoller stabiler Huminsäuren. Nach den bodenphysikalischen Untersuchungen ist der vom Erbsen-Wicken-Gemenge hinterlassene Standort nach Substanz- und Porenvolumen günstiger als der nach Mais und vor allem Sonnenblume. Im Rahmen eines bei beiden Nichthülsenfruchtern kleineren Porenvolumens ist beim Mais die Bodendurchlüftung verringert bei allerdings erhöhter Wasserführung. Der Standort der Sonnenblume wird gekennzeichnet durch völlige, bis zur Schwerbenetzbarkeit gehende Bodenaustrocknung bei übersteigerter Luftführung. Die beiden Nichthülsenfruchter wirken im Vergleich zum Erbsen-Wicken-Gemenge bodenchemisch und bodenphysikalisch insgesamt getreideähnlich, die Sonnenblume mehr als der Mais. Die Ergebnisse von KÖHNLEIN und VETTER bestätigen die Befunde BALTZERs, soweit das bei den unterschiedlichen Voraussetzungen beider Arbeiten möglich war, zwar nicht in der absoluten Höhe der erarbeiteten Werte, wohl aber in deren gegenseitigen Beziehung.

Gesamtwirkung

Nach der Analyse der nach unserer Kenntnis für die Bodenfruchtbarkeit maßgeblichen Faktoren wurde auch versucht, die kulturelle Gesamtwirkung der einzelnen Stoppelsaaten im Feldversuch mit Kartoffeln als Meßfrucht zu erfassen.

In Bestätigung der bodenchemischen und bodenphysikalischen Einzelbefunde bleiben die Nichthülsenfruchter in ihrem Einfluß auf Massen- und Stärkeertrag der nachfolgenden Kartoffel erheblich hinter dem Erbsen-Wicken-Gemenge zurück, besonders die Sonnenblume.

Bei herbstlicher Düngung mit 1 dz/ha schwefelsaurem Ammoniak auf die Zwischenfruchtstoppeln waren die Kartoffelerträge nach Mais ebenso und nach Sonnenblume nur annähernd so hoch wie nach Erbsen-Wicken-Gemenge. Es ist anzunehmen, daß sich bei Anwendung von 2 dz/ha Kalkstickstoff oder einer im Stickstoff äquivalenten Harnstoffmenge auch bei der Sonnenblume volle Ebenbürtigkeit mit der Leguminosen-Zwischenfrucht erreichen läßt. Herbstliche N-Gaben auf die Zwischenfruchtstoppeln in Ammoniak-, besser Amidform, sind eine Möglichkeit, die geringere Gründüngungswirkung des Nichthülsenfruchters der höheren des Hülsenfruchters anzugleichen. Es handelt sich nicht um eine reine N-Wirkung, sondern um den Ersatz des schwerlöslichen Hülsenfrucht-eiweißes durch Handelsdünger, der seinen Stickstoff in reduzierter Form enthält, insgesamt um die Steuerung des Rotteprozesses in Richtung der Dauerhumusbildung. Eine Erhärtung erfahren die Ergebnisse BALTZERs durch eine Arbeit von v. BUGUSLAWSKI. Am überzeugendsten ist, daß Kartoffeln nach der Nichtleguminosen-Zwischenfrucht Ölrettich keine höheren Erträge erbrachten als die Parzelle ohne Gründüngung. Bei zusätzlicher Handelsdüngung aber stiegen die Erträge nach Ölrettich bis zu den nur nach Gelbklee erreichten Höchstleistungen.

Der Gärraumbedarf, die Gärprozesse und die Ausweichmöglichkeiten in der Behälterfrage

Der Gärfutterbehälter ist eine unabdingbare Voraussetzung der neuzeitlichen Futterwirtschaft. Der Gärraumbedarf je RVE beträgt 5 m^3 als unterste Grenze. Die bei der Gärung ablaufenden Prozesse haben in leichtlöslichen Nährstoffen nach Art der einfachen Zucker und in der ausreichenden Saftführung der Futterstoffe ihre chemisch-physikalischen Grundlagen. Absoluter Luftabschluß durch Zerkleinerung und feste Pressung sowie Temperaturen zwischen 25 und 33° C steuern unter begrenzter Hefegärung und weitgehender Ausschaltung von Fehlgärungen den biologischen Verlauf in Richtung einer überwiegenden Milchsäuregärung. Schon geringer Luftzutritt und mäßig erhöhte Temperatur lassen gegenüber der Milchsäure die Essig- und vor allem Buttersäure stärker hervortreten. Die Silierung eiweißreicher und kohlehydratarmer Futtermittel gelingt nur, wenn man durch zusätzlichen Zucker die Milchsäurebakterien unterstützt oder durch säurehaltige Mittel die pH-Werte erniedrigt und im übrigen die für jegliche Futtervergärung geltenden Vorschriften — feste Packung, luftdichter Verschluß, niedrige Temperaturen — besonders sorgfältig beachtet.
Die höchste Gewähr für den erwünschten Gärverlauf verbürgt der gasdichte Hochbehälter. Er steht heute nicht in ausreichendem Umfange zur Verfügung. Der vorhandene Hochbehälterraum muß bevorzugt den eiweißreichen, schwer vergärbaren Futterstoffen vorbehalten bleiben. Für die kohlehydratreichen, leicht vergärbaren gibt es praktisch erprobte Behelfsverfahren. In der Reihenfolge steigenden Vollkommenheitsgrades, aber auch höherer Materialanforderung und größerer Kosten sind dies: der Blatthaufen auf ebener Erde; die gewöhnliche Erdgrube ohne feste Wände; der Strohbehälter; die in Sohle und Wandung befestigte Grube. Bereits von der gewöhnlichen Erdgrube ab beginnt, allerdings unter Verwendung von Kreppapier und Sicherungszusätzen, die Möglichkeit der Konservierung auch schwerer vergärbarer Substanzen, bis in der befestigten Grube die Ausweichmöglichkeiten annähernd den Vollkommenheits- und Sicherheitsgrad des massiven Hochbehälters erreichen.

Wer seine Wirtschaft in Ordnung bringen will, muß beim Futterbau beginnen. Die Futterfrage und ihre landschaftlich richtige Lösung bilden das Kernstück, den Schwerpunkt unseres ganzen heutigen Wirtschaftens.

VII. Literaturverzeichnis

[1] RICHTER, K.: Praktische Viehfütterung. 1938, Verl. Ulmer.

[2] KELLNER, O., u. C. R. SCHEUNERT: Grundzüge der Fütterungslehre. 1952, Berlin und Hamburg, Verl. Parey.

[3] KELLNER, O.: Die Ernährung der landwirtschaftlichen Nutztiere. 1912, Berlin, Verl. Parey.

[4] NEHRING, K.: Lehrbuch der Tierernährung und Futtermittelkunde. 1953, Radebeul, Verl. Neumann.

[5] KLAPP, E.: Luzerne — Hackfrucht wider Willen. Mitt. Landwirtsch. 1941, **56**, 385 bis 387.

[6] KLAPP, E.: Lehrbuch des Acker- und Pflanzenbaues. 1951, Berlin, Verl. Parey.

[7] KLAPP, E.: Der Futterbau. 1945, Berlin, Verl. Parey.

[8] SIEGERT, W.: Leistungsmöglichkeiten des Winterzwischenfruchtbaues und seiner Folgefrüchte. 1955, unveröffentlichte Diplomarbeit.

[9] MICHAEL, G., u. E. WILBERG: Die Bedeutung des Stickstoffes für den Humifizierungsvorgang. Z. Pflanzenernähr., Düng. Bodenkde., 1950, **51**, 105—108.

[10] KÖHNLEIN u. VETTER: Ernterückstände und Wurzelbild. 1955, Berlin u. Hamburg, Verl. Parey.

[11] BOGUSLAWSKI, E. v.: Zwischenfruchtbau und Bodenfruchtbarkeit. Stand u. Leist. agrikulturchem. Forsch. 1951/52, 4. Sonderh.

[12] TIEMANN u. REHM: Bau und Beschickung von Grubensilos. 1935, Berlin, Verl. Parey.

[13] FÖRSTER: Grubensilos aus vorgefertigten Bauteilen. Mitt. Dt. Landwirtsch.-Ges. 1955, **70**, 1025.

[14] KELLNER, O., u. G. FINGERLING: Grundzüge der Fütterungslehre 1943, 2. Aufl., Berlin, Verl. Parey.

FSC
www.fsc.org
MIX
Papier | Fördert
gute Waldnutzung
FSC® C083411

Kolibri 360 GmbH
Ferdinand-Jühlke-Straße 7
99095 Erfurt, Deutschland
produktsicherheit@kolibri360.de